KB195297

한강 다리, 서울을 잇다

공학 박사가 들려주는
한강 다리의 놀라운 **기술과 역사**

한강 다리,
서울을 잇다

윤세윤 지음

동아시아

서울과 한강 예찬

"한강 말인데, 굉장히 놀랍지 않아요?" 업무차 싱가포르에 출장을 갔을 때의 일이다. 현지의 운전기사가 내게 건넨 이 말이 이 책의 시작이 되었다. 한국을 방문한 적이 있다던 그 운전기사는 이상하리만큼 큰 강이 도시 한가운데를 가로지르며 흐르고 있는 것이 인상적이었다고 말했다. 한국 방문 당시 가장 기억에 남은 것이 그 큰 한강과 그 위의 수많은 다리였다는 것이었다. 그렇다. 그의 말대로 한강은 놀랍고 특별하다. 서울의 중심을 관통하는 거대한 강, 그리고 그 위에 놓인 수많은 다리, 나는 그것들이 항상 거기에 있었기 때문에 특별함을 알지 못했다.

나는 태어나서부터 대학 시절까지 쭉 서울에 살았다. 그렇게 계속 서울에 살아서인지 나는 어린 시절 서울이 싫었다. 사람도 너무 많고 너무 복잡하다는 감정이 서울에 대한 느낌의 전부였다. 그래서였을까. 대학을 마치자마자 미국으로 유학을 떠났다. 그때부터 시작된 역마살인지 석사와 박사를 미국에서 하고 박사후연구원을 영국에서 하게 되었다. 개인적인 이유로 국내 대학보다는 국외 대학의 교수 임용 공고에 지원하면서 해외 다른 도시들로 면접을 보러 다니게 되었고 자연스럽게 다양한 도시들의 분위기를 느낄 수 있었다. 그렇게 해외에서 보낸 시간이 대략 9년 정도였으니 길다면 길고 짧다면 짧은 시간이었다.

개인적인 사정으로 한국에 돌아오게 되었고 그때 서울이 나에게 주는 느낌은 내가 어렸을 때 느끼던 서울과는 너무 달랐다. 그리고 그 새로운 느낌의 한가운데에는 한강이 있었다. 파리의 센강이나 런던의 템스강도 도시를 통과하여 흐르지만, 그 강들의 폭은 대개 200m에서 250m 정도로, 우리나라의 안양천 또는 탄천 정도의 크기에 불과하다. 그에 비하자면 1km 이상의 강폭을 가진 한강은 거의 바다라 할 수 있다. 강의 크기가 얼마나 큰지 바람의 세기가 달라짐을 한강 근처에 가면 느낄 수 있다. 또한 서울을 가로지르는 한강을 필두로 서울의 각 지역으로 왕숙천, 탄천, 중랑천, 안양천 등의 하천들이 흐르고 있어 서울에 사는 사람들이 근처에서 한강과 하천 같은 물의 흐름을 느끼며 살 수 있다. 물론 캐나다 오타와나 미국 워싱턴 DC 같은 도시에도 큰 강이 있지만, 그런 경우 강은 도시와 외부를 가르는 경계 역할을 한다.

하지만 서울은 다르다. 강남과 강북, 한강이라는 커다란 강으로 나뉘어 있음에도 불구하고 서울 시민들은 그 전부를 하나의 '서울'로 인식한다. 사실은 서울도 개발 초기 한강을 도시 남쪽의 경계선으로 여겼다. 하지만 6·25전쟁 때 한강 때문에 민간인 피난이 어려웠던 기억과 경제발전으로 인한 서울로의 지속적인 인구 유입이 합쳐지며, 큰 강을 경계선으로 확장하는 다른 도시들과는 다르게 한강을 품고 도시가 확장됐다. 그리고 서울의 강북과 강남이 하나의 문화·경제 권역을 형성하려면 자연스럽게 한강에는 많은 다리가 필요했다. 그 결과 현재의 인상적인 한강이 탄생하게 되었다.

서울의 산은 어떠한가? 북한산, 도봉산, 수락산, 인왕산, 남산, 관악산, 우면산, 청계산, 아차산 등 많은 산이 서울을 자연스럽게 둘러싸고 있다. 비가 온 다음 날, 날이 개었을 때 북한산에 가면 수려한 모습이 감탄을 자아낸다. 또한 3호선 경복궁역에서 나와 인왕산 밑 서촌 수성동 계곡에 가면 물소리와 산의 모습이 방금 바쁜 도로를 벗어나 갑자기 휴양지에 온 것 같은 느낌을 준다. 나는 세계 어디에서도 이렇게 멋진 도시를 보지 못했다.

수많은 세계를 건너다니면서 행복을 찾아 헤맸지만 행복의 파랑새는 사실 원래의 세계, 바로 이웃집에 있었다고 하는 모리스 마테를링크의 『파랑새』처럼, 어쩌면 우리가 서울과 한강이라는 특별하게 아름다운 도시와 강을 가지고 있다는 것을 실감하지 못하고 해외의 이름난 도시들을 막연히 동경하고만 있는 것은 아닐까? 과거 고구려와 백제만 서울을 차지하다가 신라의 진흥왕이 서울을

0-1. 서울 북한산 한옥마을

0-2. 인왕산 수성동 계곡

0-3. 북한산 비봉의 진흥왕순수비 위치에서 바라본 서울의 전경

얻게 되었을 때, 서울의 각 지역으로 흐르는 한강과 서울을 둘러싸고 있는 산들을 보았을 때 어떤 심정이었을까? 이는 그가 서울이 가장 잘 내려다보이는 북한산 비봉에 진흥왕순수비를 세운 이유를 생각해 보면 미루어 짐작할 수 있다. 얼마나 좋았으면 그 무거운 순수비를 그 높은 곳에 세우게 했을까? 이제는 나도 신라 진흥왕의 마음이 이해가 간다.

　　내가 한강의 다리들에 대한 이야기를 정리해야겠다고 생각한 것도 이 때문이다. 한반도의 중심부를 흐르는 한강은 단순한 지리적 특성을 넘어 한국인들에게 역사적, 문화적으로 매우 중요한 의미를 지니며 그 한강 위에 거대하게 놓여 있는 다리들은 각자의 이야기를 가지고 거기에 사는 서울시민들과 같이 호흡하며 살아왔다. 이러한 이야기들을 정리하는 것은 몹시 중요한 일일 것이다.

한강의 이름

먼저 한강에 대한 기본적인 내용을 되짚어 보자. 우리가 한강의 특별함을 쉬이 눈치채지 못하고 있었던 것처럼, 한강은 흔히 사람들이 잘 모르는 다양한 면모를 가지고 있다. 이름부터가 그렇다. 지금은 한강이라는 고유명사가 익숙해졌지만, 한강의 이름도 역사적으로 달라져 왔다. 한반도에 대한 기록이 남아 있는 고대 중국의 역사서에서는 한강을 '대수帶水'라고 표기하고 있다. 여기서 대帶는 '띠 대' 자이다. 한강이 한반도 중앙을 가로지르는 모습을 표현한 명칭이다.

삼국시대에는 나라마다 한강을 다르게 불렀다. 고구려는 '아리수阿利水', 백제는 '욱리하郁利河'라는 이름을 사용했다. 신라의 경우, 한강의 상류와 하류를 구분하여 각각 '이하伊河'와 '왕봉하王逢河'라는 이름으로 불렀다.

'한강'이라는 현재 명칭의 시작은 백제시대로 거슬러 올라간다. 당시 백제가 중국 위촉오 이후 '사마' 성씨의 왕조인 '동진'과의 교류를 시작하던 시기부터 '한수漢水' 또는 '한강漢江'이라는 이름을 사용했다고 추정되고 있다. 이후 고려시대에 들어서면서 한강 유역의 중심 지역이 '한성부'로 불리게 되었고, 이에 따라 강의 이름도 자연스럽게 '한강'으로 정착되었다.

한강은 서울을 가로지르는 주요 수로로, 구간마다 다른 이름을 가지고 있었다. 현재의 한강대교 동쪽, 뚝섬에서 두모포 사이는 '동호'로 불렸다. 서빙고부터 동작동까지는 '동작강' 또는 '동재기강'이라 불렸고, 이촌동에서 노량진동 구간은 '노들강'이라고 불렸다. 지금의 원효로 인근, 과거 용산지역의 한강은 '용호' 혹은 '용산강'으로 불렸다. 그 서쪽으로 마포 나루터 주변은 '마포강', 마포 망원동 인근은 '서강'이라고 불렸다. 한강의 지류와 연결 지점도 고유한 명칭을 가졌다. 경기도 여주 부근의 남한강은 '여강'으로, 임진강과 만나 서해로 흐르는 김포 북부는 '조강'으로 불렸다.

한강은 어디에서 와서 어디로 가는가?

한강은 대한민국 중부를 가로지르는 주요 하천으로, 상류는 크게 북한강과 남한강으로 나뉘어 흐르다 양수리(두물머리)에서 합류한다. 이 중 남한강을 더 큰 물줄기인 본류로 간주한다.

북한강은 북한 금강산 옥발봉에서 발원한다. 남쪽으로 흐르며 금강천, 금성천 등과 합류하고, 화천군에서 서천, 수입천 등을 받아들여 약 10억 톤 규모의 파로호를 형성한다. 이어서 춘천호를 거쳐 레고랜드가 있는 의암호에서 소양강과 합류한다. 소양강은 인제군에서 시작되어 남서쪽으로 흐르며, 인제군과 춘천시에 걸쳐 있는 소양호에 약 30억 톤의 물을 저장한 후 의암호에서 북한강과 만난다. 이후 북한강은 경기도에 진입하여 가평천을 받아들이고, 남이섬을 지나 홍천강과 합류한 뒤 양평군과 남양주 사이를 흐르며 양수리에 도달한다.

한강의 본류 남한강의 발원은 태백산 국립공원 대덕산 검룡소이다. 검룡소에 있는 편의점에는 '한강발원지 편의점'이라는 이름이 붙어 있다. 남한강은 대덕산에서 남서 방향으로 흐르며 영월읍에서 평창강과 만난다. 이후 충북 단양을 지나며 서쪽으로 방향을 틀어 충주호에 도달하여 약 30억 톤의 물을 저장한다. 계속해서 북서쪽으로 흐르며 충주시와 원주시 사이를 지나 경기도로 진입한다. 경기도 경계에서 섬강, 청미천과 차례로 합류하고 여주를 관통

0-4. 북한강의 발원 금강산 옥발봉에서 합류 지점 양수리까지의 물길

하면서 양화천, 복하천 등의 하천을 흡수한다. 양평에 이르러 흑천과 만난 후 서쪽으로 계속 흘러 최종적으로 양수리에서 북한강과 합류한다.

양수리에서 하나로 합쳐진 한강은 경안천을 받아들인 후 팔당호를 형성한다. 서울로 흘러들어 도시 중심부를 관통하며 왕숙천, 탄천, 중랑천, 안양천 등의 작은 하천들과 합류한다. 서쪽으로 진행하며 다시 경기도로 들어가 김포시와 고양시 사이를 지나간다. 파주시에서 공릉천을 받아들이고 임진강과 합류한 후, 김포 북부를 돌아 강화도를 거쳐 서해로 흘러간다. 이렇게 한강은 강원도, 충청북도, 경기도, 서울특별시를 아우르는 광활한 지역을 관통하며 강의 총길이는 514km에 달한다. 그야말로 한반도 중부지역의 핏줄 같은 물줄기이다.

0-5. 남한강의 발원 태백산 검룡소에서 합류 지점 양수리까지의 물길

8개의 다리로 살펴보는 한강 다리의 역사와 기술

이 책에서 다루고자 하는 한강의 다리는 한강철교, 한강대교, 양화대교, 한남대교, 성수대교, 원효대교, 올림픽대교, 반포대교로 총 8개의 한강 다리이다. 한강의 다리는 2025년 1월 개통한 세종포천고속도로를 잇는 '고덕토평대교'까지 합쳐 총 33개이지만, 이 중 8개를 설정한 이유는 다음과 같다. 강철로 지어진 최초의 한강철교는 근대 제철 산업의 발전과 동아시아 역사의 변화를 증언하고, 조적식 교각과 리벳 구조를 간직한 한강대교는 격동의 현대사를 품고 있다. 우리나라 기술진이 처음 만든 양화대교와 서울 한강 이남의 판도를 바꾼 한남대교는 도시 발전의 이정표가 되었으며, 성수대교의 붕괴는 시설물 유지관리의 중요성을 부각시켰다. 프리스트레스트 콘크리트 공법으로 지어진 원효대교, 케이블을 이용한 올림픽대교, 그리고 2층 구조의 반포대교는 각각의 처음으로 새로운 공학 기술을 이용하여 한강을 잇게 되었다. 이와 같이 이 책에서 들여다보고자 하는 8개의 한강 다리는 한강과 서울에 중요한 역사적, 공학적 의미가 있는 다리로 선정했다.

1. 양화대교: 양화대교는 우리나라 기술진에 의해 만들어진 첫 번째 한강 다리이다. 그래서인지 사람들에게 많은 사랑을 받으며 유명한 가요들의 공간적 주제로 사용되고 있다. 초기 많은 한강 다리에 적용된 강플레이트구조로 만들어져 I형 단면의 구조적 장

점이 적용되었다. 1장에서는 양화대교를 통해 양화진 주변 과거의 역사와 한강 다리에서 빼놓을 수 없는 강플레이트구조에 대하여 알아본다.

2. 원효대교: 원효대교는 '프리스트레스트 콘크리트'라는 기술로 만들어진 한강의 첫 다리이다. 그래서 다른 한강의 다리들에 비하여 경간을 길게 만들 수 있었고, 보는 이에게 시원하게 뻗은 느낌을 주는 그대로 노출된 콘크리트 다리를 완성할 수 있었다. 2장에서는 원효대교를 들여다보며 원효대교에 사용된 프리스트레스트 콘크리트는 무엇인지, 원효대교 이름과 연관된 효창공원은 어떤 공간인지 알아본다.

3. 한강철교: 한강철교는 우리나라 근대기 한강의 첫 다리이다. 산업혁명과 함께 철강 기술이 발달하며 철도 산업도 본격화되었다. 이 시기 강철을 사용하여 만들어진 철도를 위한 다리를 '철교'라 부르기 시작했다. 하지만 오늘날에도 강철과 콘크리트로 만들었어도 철도를 위한 다리를 여전히 '철교'라 부르고 있다. 한강에는 한강철교, 당산철교, 잠실철교가 있지만, 원래 의미인 강철만을 이용하여 만들어진 기차가 다니는 모습을 간직한 철교는 한강철교만 남아 있다. 3장에서는 한강철교를 들여다봄으로써 우리나라 근대기 제철소에서 대량으로 생산된 철들이 동아시아 역사를 어떻게 바꾸었는지 살펴본다.

4. 한강대교: 한강대교는 한강을 사람들이 지나다닐 수 있는 근대기 첫 다리이다. 또한, 한강대교는 6·25전쟁의 격전지, 5·16 군사정변의 총격전이 발생한 우리나라 현대사의 현장이기도 하다. 현재 한강대교 외 한강에 차량이 다니는 도로교는 강구조를 용접이나 볼트로 체결했지만, 한강대교는 1900년대 초기 리벳을 이용하여 체결하는 기술인 리벳 구조와 벽돌을 쌓아 만든 조적식 교각을 그대로 간직하고 있다. 4장에서는 한강인도교, 제1한강교, 한강대교 등 한강대교가 거쳐온 명칭 변화와 함께 우리나라 근현대 역사를 추적한다.

5. 반포대교: 반포대교는 한강 최초의 2층 구조 다리이다. 1층의 잠수교는 평상시 사용하다가 홍수가 나면 잠기도록 설계되었다. 2층 반포대교는 잠수교에서 차량 통행을 유지한 채 시공을 할 수 있도록 강박스 거더를 이용하여 만들어졌다. 5장에서는 강박스 거더 구조의 장점과 이 장점을 이용하여 만들어진 독립문 현저고가차로에 대하여 알아본다. 또한 반포대교 앞, 국민 평형의 시작이 된 반포아파트를 통하여 서울시민의 욕망과 비난의 대상인 서울아파트에 대하여 고찰한다.

6. 한남대교와 소양강댐: 한강 이남의 개발은 서울이라는 공간을 확장 및 재창조한 매우 중요한 변화의 계기이다. 이를 가능하게 했던 시발점은 한남대교와 소양강댐의 완공이다. 또한 한남대

교는 경부고속도로와 연결되며 우리나라 물류의 시작점이기도 하다. 이를 계기로 한강이 서울이라는 공간의 경계선이 아닌, 서울을 관통하는 서울의 문화, 관광, 물류를 상징하는 서울의 정체성을 가진 강이 되었다. 6장에서는 한남대교와 소양강댐을 들여다보며 다리와 다목적댐이 도시라는 공간을 만들기 위하여 얼마나 중요한 역할을 했는지, 그 의의를 되새긴다.

7. 성수대교: 성수대교는 한강의 다리가 붕괴한 너무도 충격적 사건으로 우리에게 각인되어 있다. 많은 사람이 '부실시공'을 그 원인으로 생각하고 있지만, 성수대교 붕괴 이전 우리나라에는 인프라 시설물의 '유지관리'라는 개념이 아예 없었다. 성수대교 이후 한강의 모든 다리에 대하여 '정밀안전진단'을 실시했고 성수대교가 붕괴하지 않았어도 '유지관리' 없이 다른 다리가 붕괴하는 것은 시간의 문제였다. 7장에서는 성수대교를 들여다보며 성수대교 붕괴가 가지는 '유지관리'의 의미와 현재 우리나라에서는 이러한 시설물 유지관리를 위하여 어떠한 노력들을 하고 있는지 알아본다.

8. 올림픽대교: 올림픽대교는 한강에 처음으로 케이블을 이용하여 만들어진 다리이다. 88 서울올림픽을 기념하기 위하여 만들어졌기 때문에 올림픽대교에는 88 서울올림픽의 상징들이 숨겨져 있다. 8장에서는 올림픽대교를 들여다보며 케이블 교량인 사장교와 현수교에 대해서 알아보고 올림픽대교가 서울올림픽이 개최되

고 1년 후 개통된 사정에 대해 이야기한다.

앞서 설명한 한강의 흐름을 주의 깊게 보았다면, 이 다리의 순서가 한강의 하류에서부터 상류 쪽으로 거슬러 한강을 여행하듯이 배열되어 있다는 것을 알게 되었을 것이다. 이어지는 내용에서는 이 순서에 따라 각 다리의 역사와 구조 등에 대해서 상세히 살펴보고, 또한 직접 현장을 답사하며 수집한 주변의 이야기들을 통해 한강과 한강 다리들이 지닌 특별한 가치를 전달하고자 한다.

한강이, 다리가 우리에게 말해주는 것들

다시 생각해 보니 나는 오랫동안 이런 책이 나오기를 기다렸다. 학부 시절, 친구들이 토목을 전공하는 나에게 한강의 다리에 관해 물어볼 때마다 제대로 답변하지 못했던 기억이 있다. 유학 후 돌아와 서점에서 관련 책을 찾아보았지만, 대부분 전문용어로 가득한 교량 관련 전문 서적뿐이었다. 그래서 결심했다. 연구년까지 누군가 한강 다리에 관한 책을 쓰지 않는다면, 내가 직접 쓰겠다고 말이다. 2024년, 나의 연구년이 시작되고 다시 서점을 찾았지만 여전히 한강 다리에 관한 일반인을 위한 책은 없었다. 이렇게 시작된 집필은 나에게 운명이자 책임으로 다가왔다.

이 책은 단순히 다리의 구조나 기술적 특성을 설명하는 데 그치지 않는다. 각 다리가 품고 있는 역사, 그 시대의 사회상 그리고 그 뒤에 숨겨진 사람들의 이야기를 담고자 했다. 한강철교부터 올림픽대교까지, 각 다리는 서울의 근대화와 발전의 과정을 고스란히 보여준다. 특히, 우리는 잊고 살아왔다. 과거 위험한 한강에서 현재 안전한 한강이 되기까지 얼마나 많은 희생이 있었는지, 그리고 그렇게 희생된 분들을 '그냥 운이 없었다'고 치부해 버렸던 우리의 태도를 말이다.

성수대교의 붕괴와 그로 인한 희생, 그리고 이를 계기로 제정된 '시설물 안전관리에 관한 특별법'은 우리에게 유지관리의 중요성을 일깨워 주었다. 교량의 '정밀안전진단'이라는 개념이 없던 시절, 성수대교 붕괴로 무학여고 학생들이 희생되었으며, 한 학생의 아버지는 위령비에서 농약을 마시고 생을 마감했다. 이제 한강의 다리들은 주기적으로 정밀안전진단을 받고 있다. 우리가 당연하게 여기는 안전한 통행 뒤에는 수많은 희생과 노력이 있었음을 잊지 말아야 한다.

이 책의 초고를 탈고한 2024년은 성수대교 붕괴 사고 30주기였다. 성수대교 붕괴 사고는 우리가 교량과 안전에 대한 인식을 새롭게 가다듬을 수 있었던 중요한 분수령이었다. 일어나서는 안 됐을 비극을 통해 우리의 안이한 인식을 깨닫게 한 성수대교처럼, 한강의 다리들은 단순히 강을 건너는 수단을 넘어 서울의 정체성을 형성하는 중요한 요소가 되어왔다. 이 책을 통해 독자 여러분은 한강의 다리들이 품고 있는 풍부한 이야기를 발견하고, 서울이라는 도시를 새로운 시각으로 바라볼 수 있게 될 것이다. 함께 한강 다리의 이야기들을 거닐며, 서울의 과거와 현재를 만나보고 미래를 상상해 보는 여정에 여러분을 초대한다. 이 책이 서울과 한강의 역사와 문화, 그리고 미래에 대한 성찰의 기회가 되기를 바란다.

2025년 1월
윤세윤

차 례

프롤로그 | 004

1 양화대교 | 022

어디시냐고 어디냐고, 여쭤보면 아버지는 항상 양화대교 | 양화진과 한국판 '골고다 언덕' 절두산 | 양화진 절두산의 순교자박물관과 마포새빛문화숲 | 선유도공원과 선유교 | 순수 우리 기술로 만들어진 최초의 한강 다리 | 강플레이트거더교란 | 일상 속에서도 찾을 수 있는 좌굴 현상

2 원효대교 | 058

영화에서 '괴물'이 숨었던 곳 | 원효대교의 이름은 어디에서 왔을까 | 안중근 의사가 이토 히로부미를 저격하지 않았더라면 | 안중근 의사 가묘를 찾아서 | 단순함 속에 숨은 수려함 | 원효대교의 아름다움을 만든 콘크리트 | 부서지지 않는 등대를 위해 만들어진 현대의 콘크리트 | 콘크리트보의 기술 발전

3 한강철교 | 104

모래사장 위에 지어진 한강철교 | 사육신역사공원과 한강철교 | 강철의 시대, 한강철교를 만든 철강 이야기 | 철강, 동북아시아의 역사를 바꾸다 | 한강철교의 트러스 구조 | 한강철교와 에펠탑은 같은 구조로 만들어졌다

4 한강대교 | 148

한강은 언제 얼까 | 과거에는 어떻게 한강을 건넜을까 | 한강인도교, 제1한강교 그리고 한강대교 | 용양봉저정공원과 노들섬 답사기 | 한강대교의 아치 구조 | 어떻게 물속에 다리를 놓았을까

5 반포대교 | 176

잠수교와 반포대교 | 반포한강공원 답사기 | 국민 평형의 시작 반포주공아파트 | 서울 아파트 가격은 왜 이렇게 높을까 | 비틀림에 강한 반포대교의 박스 거더와 독립문 현저고가차로 | 재료역학을 쉽게 해석할 수 있게 한 유한요소해석

6 한남대교 | 208

마누라 없이는 살아도 장화 없이는 못 산다 | 소양강댐과 1984년 서울 대홍수 | 소양강댐과 소양호 답사기 | 미국 후버댐과 소양강댐은 어떻게 다를까 | 200년 빈도 홍수는 어떻게 알 수 있을까

7 성수대교 | 244

성수대교 붕괴의 아픈 기억 | 단순한 '부실시공'이 아닌 '유지 관리'의 부재 | 성수대교 북단 서울숲공원에 숨은 위령비를 찾아서 | 다리의 가운데 부분이 떨어지기 쉬웠던 캔틸레버와 힌지(경첩) 구조 | 안정한 구조와 불안정한 구조

8 올림픽대교 | 272

다양한 이스터 에그가 숨어 있는 다리 | 올림픽대교를 볼 수 있는 광나루한강공원 | 알고 보면 더 재미있는 사장교 | 사장교와 현수교, 어떻게 다를까

에필로그 | 298
참고자료 | 300
그림 출처 | 302

1.

양화대교

어디시냐고 어디냐고, 여쭤보면 아버지는 항상 양화대교

아버지는 택시 드라이버
어디냐고 여쭤보면 항상 양화대교
_Zion.T, 〈양화대교〉

    양화대교라고 하면 노래 제목이 생각나는 사람들이 많을 것이다. 그도 그럴 것이 한강의 다리 중 가장 많이 노래 제목으로 사용된 것이 바로 양화대교이기 때문이다. 자이언티의 〈양화대교〉, 김세레나의 〈제2한강교〉, 진송남의 〈이별의 제2한강교〉, 인디밴드 제8극장의 〈양화대교〉가 양화대교를 노래의 소재로 삼았다. 이는 양화대교가 서울시민들에게 많은 사랑을 받아왔다는 증거이기도 하다. 나 또한 양화대교를 매우 좋아하는데 그 이유는 양화대교는 설계부터 시공까지 전부 우리나라 엔지니어에 의해 만들어진 최초의 장대교량*이기 때문이다. 따라서 양화대교는 한국의 설계 및 시공 기술 발전에 있어 중요한 이정표가 되었다. 이 다리를 건설한 엔지니어들은 후에 경부고속도로 건설에도 참여하게 되었는데, 이는 양화대교 건설 과정에서 축적된 기술과 경험이 한국의 대규모 토목 사업 수행 능력 향상에 크게 기여했음을 보여준다. 따라서 양화대교는 경부고속도로 건설을 가능케 한 기술적 초석이 되었다고 해도 과언이 아니다.

양화대교가 처음 만들어졌을 때는 양화대교라는 이름이 아니었다. 당시 한강대교 외에 광진교가 한강에 있기는 했지만, 광진교가 있던 지역은 1970년대 강남개발 이전 경기도 광주군에 속해 있었기 때문에 서울 한강에 새롭게 지어진 양화대교를 '한강대교' 다음에 만들어진 다리라 하여 '제2한강교'라고 부르게 되었다.

제2한강교는 사실 군사적 목적을 위하여 만들어졌다. 6·25전쟁 때 한강에 하나밖에 없는 한강대교에 군과 피난 인파가 뒤엉키며 군사 작전 등에서 많은 문제점이 발생했다. 이를 개선하려면 전쟁 시 군사적 용도로만 사용할 수 있는 다리가 추가로 필요했다. 만약 지금 한강에 군사적 용도의 다리를 만든다고 하면 많은 사람

● 절대적인 기준의 정의가 확립되어 있지는 않으나, 통상적으로 교각 간 거리(경간장)가 200m를 넘어가는 대형 교량을 지칭한다. 이러한 규모의 교량은 고도의 설계기법과 시공기술이 요구된다.

들이 반대할 수도 있다. 하지만 당시는 전쟁이라는 어마어마한 일을 경험한 지 얼마 지나지 않은 시점이었으며 '휴전'이라는 단어는 언제든 다시 전쟁이 재개될 수 있다는 의미를 내포하고 있어서 국정의 많은 부분이 전쟁 준비에 맞추어져 있었다. 이러한 이유로 제2한강교는 비상시 인천으로 들어오는 군용물자를 신속하게 한강을 건너 서부전선으로 이동시키는 군사 목적으로 만들어지게 되었다. 따라서 양화대교는 전시에는 통제되어 오로지 군사 작전에만 사용하고 평시에도 군사 목적의 이동을 우선하도록 계획되었다.

서울 서부와 수도권 서부를 연결하는 이러한 태생적인 목적 때문에 지금도 경인고속도로를 타고 서울로 와서 한강을 건너고자 할 때는 양화대교를 건너는 것이 편하고 빠르다. 자이언티의 노래에서 "아버지는 택시드라이버 어디냐고 여쭤보면 항상 양화대교"라는 가사가 나온다. 자이언티가 학창 시절에 강서구에서 살았다고 하는데, 아버지가 집과 가까운 서울 서부 방면에서 택시를 운행했다고 한다면 자연스럽게 서울과 부천, 부평 등 인천 방면을 오가는 손님을 태우는 경우가 많았을 것이다. 으레 경인고속도로를 이용하기 위해 양화대교를 건너는 일이 많았을 것이다. 이렇듯 노래 가사 속에서 다시금 양화대교의 공간적인 의미를 상기하게 되다니, 그만큼 이 다리가 서울과 수도권 서부 사람들에게 있어서 중요한 존재로 생활속에 자리 잡은 게 아닌가 싶다.

양화진과 한국판 '골고다 언덕' 절두산

이처럼 양화대교의 탄생 과정에서 보듯이, 양화대교가 위치한 양화진은 한강에서 지리적으로 매우 중요한 요충지였다. 일반적으로 지명에 '진'이라고 붙어 있는 지역들이 과거 군사 시설들이 있던 지역들이다. 양화진은 김포, 강화, 인천으로부터 서울로 들어올 수 있는 주요 관문 역할을 했기 때문에 현대 군사 편제에서 '사단'과 같은 '진대鎭臺'를 조선시대 때 주둔시켰다. 이처럼 지리적인 접근성이 좋고 군사적 방어체계가 잘 갖춰져 있었기 때문에 양화진은 조선시대에 삼남 지방에서 거둬들여 한강을 통하여 운송되어 오는 세곡들을 저장하고 분배하는 중요 지역으로 기능하기도 했다.

1-1. 겸재 정선이 양화나루 일대를 그린 〈양화진〉(간송미술관 소장)

조선시대 후기, 풍경을 사실적으로 묘사하는 진경산수화의 대가 겸재 정선이 그린 〈양화진〉에서 현재 순교자박물관이 있는 잠두봉과 그 아래 양화진으로 생각되는 기와집들이 보인다. 잠두의 한자는 '蠶(누에 잠)'과 '頭(머리 두)'로, 마치 누에가 머리를 든 모습 같다고 하여 잠두봉이라 불렸다. 그림에서 양화진 뒤쪽으로 남산이 시원하게 표현되어 있고 한강에는 배에서 한가로이 낚시하는 사람이 그려져 있다. 양화진 주변은 풍경이 아름다워 양반들이 별장을 만들어 노년에 시간을 보냈던 장소이기도 했다. 이 그림이 그려진 이후 근대에 이 장소에서 일어난 비극적인 사건을 생각해 보면 어딘가 심정이 복잡해질 정도로 한가로운 모습을 이 그림에서는 살펴볼 수 있다.

19세기 후반, 러시아가 남하정책을 시작하면서 당시 조선의 정권을 잡은 지 얼마 되지 않았던 흥선대원군은 위기감을 가지게 됐다. 이에 흥선대원군은 이러한 상황을 타개하는 방법으로 러시아를 견제할 수 있는 프랑스를 이용하고 싶어 했고 이를 위하여 프랑스 사람인 베르뇌 주교와 직접 만나기로 했다. 하지만 베르뇌 주교는 포교를 위하여 지방에 있었고 급하게 한양으로 돌아오는데 한 달가량을 소요하게 된다. 흥선대원군은 일부 가족이 천주교 신자이고 집권 이전 천주교인과 접촉했던 것을 보면 집권 초기 천주교에 대해 비교적 우호적 입장이었던 것으로 추측된다.

베르뇌 주교가 한양으로 돌아오는 사이 북경 사신들의 편지에서 몇 가지 소식들이 전달되는데 영국과 프랑스 연합군이 2차 아편전쟁에서 청나라 북경을 함락시키고 양민들의 학살이 자행되었다는 소식과 예수 구세주 사상을 기반으로 한 태평천국이 난을 일으켜 청나라에 대규모 내전이 발생했다는 것이다. 더불어 청나라에서 천주교를 탄압한다는 소식이 더해지면서 한양에서도 천주교에 대한 반감이 급격히 확산하게 된다. 천주교의 교리는 유교 사상과 거리감이 있어 조선은 이미 박해했던 적이 있었는데, 이러한 사상적 괴리의 피로감이 해결되지 않은 채 결국 정치적 돌풍으로까지 표출되기 시작한 것이다.

이러한 분위기를 감지한 대원군의 정적들은 결집하여 천주교를 탄압할 것을 요구하기 시작한다. 흥선대원군의 일부 식구들이 천주교 신자인지라 운현궁에 천주교 신자들이 드나든다는 소문과 흥선대원군도 천주교를 옹호한다는 소문이 돌기 시작하면서 이제 막 집권한 흥선대원군은 정치적 위기를 맞게 된다. 여기에 더해 고종이 왕위에 오를 수 있도록 도와준 신정왕후가 천주교를 비난하게 되니 흥선대원군은 권력 유지를 위해 천주교 박해령을 내리며 병인박해가 시작된다.

이 과정을 조사하면서 소름이 돋는 것을 느꼈다. 200년 가까이 지난 과거의 일인데도 어쩜 현대에서 일어나는 일과 이렇게나

겹쳐 보이는 것인지 모르겠다. 시대는 바뀐다 할지라도 사람들의 본질은 변하지 않고 그대로인 것일까. 권력 다툼의 과정에서 서로의 논리와 주장이 모순을 빚고 부딪친다. 진영 논리가 사람들을 편 가르고 부추기고, 대중들이 호응하면서 결국 누군가 죽음으로 치달을 때까지 멈추지 않는다. 결코 드물지 않은 클리셰가 아닌가? 그런 시각에서 본다면 어쩌면 병인박해는 홍선대원군 한 사람이 일으킨 참사가 아니라, 19세기 조선 사람들이 공유하고 있던 시대적 불안감과 서양 문화에 대한 거부감이 토양이 되어 촉발된 사건이 아니겠는가?

천주교 탄압의 교령이 포고되고 베르뇌 주교 외에 선교사들과 신자들 다수가 체포되고 순교하게 된다. 일부 프랑스 신부들이 구사일생으로 조선을 탈출하여 일어난 일들을 전달하면서 프랑스는 조선에 전쟁을 선포한다. 이 일로 프랑스 해군 함대는 양화진까지 왔다가 퇴각하여 강화도를 불법으로 점령하는데, 이 사건이 바로 '병인양요'이다. 이후 조선이 강화도 정족산성에서 프랑스군에게 타격을 주며 프랑스는 퇴각하게 된다. 이 일로 대원군은 크게 분노하여 "양이의 발자국으로 더럽혀진 땅은 그들과 통하는 무리의 피로 씻어내야 한다"라고 말했다고 하니 진짜 공포의 시작은 이제부터였다.

1-2. 탁희성 화백의 〈절두산 순교성지도〉(절두산 순교성지 소장)

이후 천주교 박해는 더욱 가혹해졌으며 처형 집행은 주로 해
안가나 강가에서 이루어지게 된다. 특히 한양 도성에서 가까운 잠
두봉은 처형을 집행할 수 있는 최적의 장소였다. 이유는 이러한데,
처형을 집행할 장소인 강가, 필요한 인력인 군사, 잘린 목을 사람들
이 볼 수 있는 언덕이 모두 있었다. 수천 명의 신자의 머리가 잘려
나가면서 잠두봉을 '머리가 잘리는 산'이라 하여 사람들은 절두산
切頭山으로 부르기 시작했다. 참고로 이때의 희생자는 8,000명에서
1만 명 정도로 추산되고 있으나 "먼저 참하고 후 보고하라"라는
지시에 따라 정확한 숫자는 알지 못한다.

1-3. 양화대교 개통 당시의 전경으로, 사진 좌측에는 국민 성금으로 세워졌던 UN 참전기념탑이, 우측에는 잠두봉에 조성된 순교자박물관이 보인다

나는 합정동 순교자박물관이 있는 잠두봉이 한국판 골고다 언덕이라는 느낌을 받는다. 1965년 양화대교가 완공되고, 양화대교 강북 방향 끝에 UN군의 6·25전쟁 참전을 기념하는 의미에서 국민들이 성금을 모아 'UN군 자유수호 참전기념탑'을 세웠다. 내 눈에는 이 기념탑이 마치 병인박해 때 순교한 수천 명의 신자를 위한 위령탑처럼 보인다.

양화진 절두산의 순교자박물관과 마포새빛문화숲

이 안타까운 사건의 배경이 되었던 절두산 순교성지를 실제로 찾아가 보자. 대중교통을 이용한다면 지하철 2호선과 6호선 환승역인 합정역 7번 출구로 나와 한강 방향으로 향하면 절두산과 순교자박물관이 있는 양화진으로 갈 수 있다. 자가용을 이용하면 순교자박물관이나 양화진 역사공원 지하 주차장을 이용할 수 있다. 순교자박물관 입구에 도착하면 절두산 순교성지를 알리는 바닥 표지판과 나무 계단이 보인다. 그리고 계단 오른쪽으로는 당산철교가 지나간다. 당산철교는 과거 초록색의 철교였으나, 성수대교 붕괴 사건 이후 완전히 교체되어 현재는 콘크리트 다리로 다시 지어졌음에도 불구하고 여전히 당산철교라는 이름으로 불린다. 옛 당산철교를 기억하는 이들 중에는 한강철교를 당산철교로 혼동하는 분들도 있다.

계단을 오르면 꾸르실료 회관이라는 성당 교육관이 나타나고, 멀리 양화대교가 눈에 들어온다. 이 길을 따라가면 자연스럽게 순교자박물관으로 이어지지만, 나는 절두산 절벽을 보고자 주차장 뒤편의 한강공원과 연결된 계단으로 발걸음을 옮겼다. 계단을 내려가면 강변북로 고가차로 아래 그늘에 한강을 조망할 수 있는 나무 의자들이 마련되어 있다. 이곳에 앉아 한강의 경치를 감상하며 잠시 휴식을 취할 수 있다. 나 역시 잠깐의 여유를 즐긴 후, 보행로를 따라 상류 쪽으로 걸어 절두산 절벽을 향해 나아갔다.

과거 절두산 절벽은 가파른 암벽의 모습을 하고 있었으나, 현재는 울창한 나무들이 자라나 주의 깊게 보지 않으면 바위 절벽임을 알아차리기 어렵다. 이곳에서 처형된 신자들의 정확한 숫자는 알려지지 않았다. "먼저 참하고 후 보고하라"라는 지시에 따라 재

1-4. 한강공원 양화대교 북단에서 바라본 양화대교의 전경

판이나 선고 없이 즉결 처형이 이루어졌기 때문이다. 그러나 이곳에는 여전히 그날의 숨결과 희생의 흔적이 남아 있어, 방문객들에게 말로 표현하기 어려운 엄숙함과 숙연함을 안겨준다.

방향을 바꿔 한강 하류 쪽으로 걸어서, 앞서 내려왔던 계단을 지나 조금 더 가다 보면 양화대교를 한눈에 조망할 수 있는 지점에 도달한다. 이곳에는 '잠두봉 더나인'이라는 한강 수상시설이 자리하고 있다. 비록 잠두봉 선착장이라는 이름을 가졌지만, 내가 방문한 시점에는 선박 운항이 이루어지지 않고 있었다. 이 지점에서 상류 쪽을 바라보면 당산철교가 시야에 들어오며, 좌우로 당산철교와 양화대교를 동시에 감상할 수 있다.

절두산 순교성지는 다양한 조각상과 정원으로 구성되어 있다. 순교자박물관과 성당으로 향하는 길에는 과거 사형 집행에 사용되

1-5. 현재의 절두산 절벽

1-6. 절두산 성지의 순교자박물관

1-7. 경주국립박물관

었던 도구들이 전시되어 있는데, 이들에는 아직도 핏자국이 남아 있어 당시의 참혹함을 전한다. 또한 이곳이 절두산임을 알리는 한자 표석이 세워져 있다. 이 길을 따라 오르면 순교자박물관과 성당이 나타난다. 두 건물은 마치 하나의 연결된 구조물처럼 조화롭게 어우러져 있으며, 절두산의 원래 지형을 해치지 않고 그 위에 자연스럽게 자리 잡고 있다. 이 건축물은 국립경주박물관을 설계한 이희태 건축가의 작품으로, 자세히 보면 국립경주박물관과 유사한 분위기를 느낄 수 있다.

절두산 성지를 떠난 나는 과거 당인리발전소가 있던 곳으로 향했다. 당인리라는 지명은 임진왜란 당시 이곳에 머물렀던 명나라 군인에서 유래했다는 설이 있다. '당인'이 중국인을 가리키는 말이었기 때문이다. 현재 당인리발전소는 '마포새빛문화숲'이라는 공원으로 탈바꿈했다. 이곳은 절두산 성지로 올라가는 나무 계단을 내려와 오른쪽으로 5~6분 걸으면 도달할 수 있다. 발전소는 이제 공해 없는 천연가스를 사용하는 지하 발전 시설로 변모했다. 기존의 화력발전 시설은 해체 중이며, 남은 구조물을 활용해 2025년 문화창작 공간으로 새롭게 개관할 예정이다. 현재 이곳에 가면 과거 화력발전 시설이 문화적인 공간으로 재탄생하는 과정을 목격할 수 있다.

공원에 들어서면 놀이터와 바닥분수가 눈에 띄며, 과거 이곳에 철길이 있었음을 상기시키는 철길 화단이 조성되어 있다. 아이들을 위한 바닥분수는 5월부터 9월까지 정오부터 오후 4시 30분까지 가동된다. 은방울 자매의 노래인 〈마포 종점〉에 등장하는 '당인리발전소'는 실제로 이곳을 가리킨다. 과거 발전소에 필요한 자

1-8. 문화창작 공간을 만들기 위하여 기존 당인리발전소 시설을 해체하고 있는 모습

1-9. 경의선 숲길에 남은 철길의 흔적

원을 운반하기 위해 철도가 운행되었고, 당인리발전소가 그 종점이었다. 현재는 이 철길이 사라졌지만, 많은 사람이 찾는 '경의선 숲길'의 철로에서 이 당인리발전소로 향하던 철길이 연결되어 있었다. 공원의 철길 화단에서 한강 방향으로 더 들어가면 한강과 여의도를 조망할 수 있다. 이곳에서 양화대교와 당인리발전소를 바라보다 보면 근대 이후 서울과 한강의 공학 역사가 이 풍경에 담겨 있다는 생각이 들어 가슴이 설렌다.

선유도공원과 선유교

양화대교에는 중간 지점에도 유명한 조망 포인트가 있다. 바로 선유도이다. 양화대교 중간에서 진입할 수 있는 선유도에는 현재 선유도공원이 조성되어 있다. 이곳을 방문하기 위해 나는 2호선과 9호선의 환승역인 당산역에서 시내버스를 이용했다. 9호선 선유도역에서 양화한강공원을 거쳐 걸어갈 수도 있지만, 당산역이나 합정역에서 버스를 타면 선유도공원 입구 바로 앞에서 하차할 수 있어 편리하다. 당산역에서 출발할 경우, 버스에서 내린 후 길 건너편에 선유도공원이 보인다. 회전하는 길을 따라가다 보면 양화대교 아래 강플레이트거더교steel plate girder bridge의 I형 거더를 볼 수 있는데, 이때 오른쪽이 구교, 왼쪽이 신교이다. 강플레이트거더교의 구조에 대한 설명은 뒤에서 다시 자세히 하겠다.

1-10. 양화대교 I형 거더

선유도는 원래 강변과 연결된 봉우리였으나, 1925년 을축년 대홍수 이후 그 모습이 크게 변화했다. 서울 일대의 홍수피해를 막기 위해 한강 제방을 쌓는 과정에서 선유도의 암석이 채취되기 시작했고, 이후 주변 공사에 필요한 자갈을 계속 조달하면서 원래의 봉우리 지형은 점차 사라졌다. 1970년대에는 영등포 공업지대에 수돗물을 공급하기 위한 정수장이 선유도에 건립되었고, 이로 인해 오랫동안 일반인의 출입이 제한되었다. 그러나 정수장이 강북 정수장과 통합되어 이전하면서, 1999년 공원 계획이 수립되었고 2002년 현재의 모습으로 일반에 개방되었다. 선유도의 흥미로운 역사와 이야기는 '선유도 이야기' 전시실에서 자세히 살펴볼 수 있다. 이곳을 방문하면 선유도의 과거부터 현재까지의 변천사를 더욱 생생하게 접할 수 있을 것이다.

전시실을 지나면 '녹색기둥의 정원'이 펼쳐진다. 이 독특한 정원은 과거 정수지의 콘크리트 상판을 제거하고, 남은 철근콘크리트 기둥에 식물을 심어 조성되었다. 아름다운 경관으로 인해 사진 촬영 명소가 되어, 웨딩 촬영을 하는 커플들을 종종 목격할 수 있다. 이어서 양화대교를 조망할 수 있는 '선유정'으로 향했다. 선유정에 도착하면 마포 방면으로 탁 트인 한강의 전경이 눈앞에 펼쳐진다. 이곳에서 불어오는 강바람을 맞으며 앉아 있다 보면, 시간 가는 줄 모르고 한강의 아름다움에 빠져들게 된다.

선유정에서 한강 하류 방향으로 걸어가면 보이는 카페 옥상

1-11. 선유도공원의 선유정

1-12. 선유도공원의 카페 옥상에서 양화대교를 조망할 수 있다

에는 양화대교를 조망할 수 있는 공간이 마련되어 있다. 특히 오후 늦게 해가 서쪽으로 기울 때 이곳을 찾으면 그늘이 생겨, 시원한 음료와 함께 한강의 풍경을 여유롭게 즐길 수 있다.

이번 여정의 마지막 지점인 선유교 전망대에서는 특별한 구조의 선유교를 볼 수 있다. 이 다리는 콘크리트로 만들어졌음에도 철근이 없는 독특한 설계를 자랑한다. 비결은 철근 대신 강섬유를 사용해 인장강도를 확보한 것이다. 섬유보강 콘크리트는 강섬유, 탄소섬유, 합성섬유 등을 단일 또는 두 가지 이상 함께 혼입하여 일반 콘크리트의 취약점인 인장강도와 균열 저항성을 보완한 건설재료를 말한다. 섬유가 콘크리트의 미세균열의 발생과 진전을 억제

하며, 콘크리트 인장강도를 크게 향상시킨다. 특히 콘크리트 열화에 대한 저항성이 높아져 전반적인 구조물의 내구성이 향상된다. 현재 섬유보강 콘크리트의 주요 사용처는 터널 라이닝, 프리캐스트 부재, 폭발저항 구조물, 해양구조물 등이고, 최근에는 초고성능 섬유보강 콘크리트의 개발로 구조물의 장수명화와 유지관리 비용 절감에도 크게 기여하고 있다. 국내 기술로는 2018년 완공된 춘천대교가 초고성능 섬유보강 콘크리트와 철근이 함께 사용되어 200년 이상을 사용할 수 있는 장수명 다리로 완공되어 춘천역과 레고랜드가 위치한 중도를 연결하고 있다. 여기에 더해 섬유보강 콘크

1-13. 철근을 사용하지 않고 섬유보강 콘크리트를 사용하여 만들어진 선유교

리트는 3D 프린팅 건설기술과의 접목을 통해 건설 자동화의 핵심 재료로 그 활용 범위가 계속해서 확대되고 있다. 이러한 섬유보강 콘크리트 기술 덕분에 선유교의 얇고 날렵한 아치 구조가 가능해졌으며, 그 결과는그림 1-13에서 확인할 수 있다. 이 유려한 다리를 건너면 양화한강공원으로 갈 수 있으며, 9호선 선유도역에서 걸어왔으면 이 다리를 통해 선유도공원으로 진입할 수 있다. 나는 이 인상적인 선유교를 끝으로 선유도공원 답사를 마무리했다.

순수 우리 기술로 만들어진 최초의 한강 다리

양화대교는 1962년에 공사를 시작하여 1965년에 공사가 완료되었다. 양화대교의 설계는 임봉건 대한설계공단 대표 외 20여 명의 기술진이 6개월에 걸쳐 완성했다. 임봉건 대표는 회사 대표이기는 하지만 니혼대학교 공학부 토목공학과를 졸업한 엔지니어이며 박정희 대통령이 고속도로 등의 프로젝트에서 많은 기술적 부분을 같이 의논한 자문이기도 하다. 양화대교의 공사는 한강대교를 복구해 본 경험이 있는 현대건설에서 맡아서 진행했는데 현대건설 정주영 회장도 임봉건 대표의 기술적 능력을 인정하여서인지 이후 임봉건 대표는 지금의 현대엔지니어링의 전신인 현대종합기술개발의 초대 사장이 되었다.

임봉건 대표는 미래 엔지니어들에게 전하는 글에서 "엔지니어라면 언제나 기술은 자기 책임하에 발전시켜야 하겠다는 사명감을 가져달라"라고 말한 적 있다. 나 또한 같은 분야에서 인재를 양성하는 일을 하다 보니 많은 엔지니어를 만나곤 한다. 그러다가 종종 현장에서 "이 다리 내가 다 만들었다"라고 자랑스럽게 말씀하시는 분들을 보기도 하는데, 이런 분들을 만날 때마다 존경심이 든다.

우리가 진짜와 같이 정교하게 만들어진 미니어처를 보면서 감탄할 때가 있다. 그런 미니어처는 사람들이 볼 수 없는 안쪽 부분도 실제와 똑같이 재현해 놓았다. 제작자에게 왜 보이지 않는 곳을 이렇게 정교하게 만들었냐고 물어보면 최고의 작품, 즉 인생의 마스터피스를 만들겠다는 자기만의 만족이라고 이야기한다. 엔지니어도 마찬가지 마음이라 본다. 비록 사람들이 알아봐 주지 않더라도 내가 인생의 최고 작품, 대한민국 최고 작품을 만들겠다는 생각으로 다리를 만들어 온 엔지니어분들이 많이 있다. 이들이 말하는 "이 다리 내가 다 만들었다"라고 하는 말은 그런 맥락에서 나온 게 아닐까 싶다. 물론, 계획, 설계, 시공, 감리, 유지관리 등 수많은 일이 얽혀 있는 다리 또는 다른 사회기반기설을 한 사람의 힘으로 만든다는 것은 불가능하다. 하지만 "내가 다 만들었다"라고 자신 있게 말할 정도라면, 그만큼의 열정과 책임감을 가지고 자기 일을 해냈다는 의미로 받아들일 수 있을 것 같다. 어쩌면 그것이 임봉건 대표가 말하는 사명감과 일맥상통하는 것이 아닐까 싶다.

1-14. 양화대교 구교 완공 당시의 모습

    양화대교는 현재의 한국 기술력으로 본다면 상당히 초보적인 수준의 교량이지만 당시 기술로는 공사 과정이 순조롭지 않았고 홍수로 인해 몇 차례 공사가 지연되기도 했다. 선유도를 중간 지점으로 진입 방향 각도가 틀어지게 설계되어 완공된 양화대교는 위에서 바라볼 때 묘한 비대칭적 아름다움을 느끼게 해준다. 특히 초기 양화대교가 완성되었을 당시 국민 성금을 모아 UN군 참전기념탑을 양화대교 북단에 만들었는데 그 밑을 차량이 지나갈 수 있었기 때문에 서울 시내로 들어가는 문 같은 모습을 하고 있고 남단에는 국내 최초로 입체교차로를 만들어 차량이 돌아서 진행 방향을 변경하니 다리가 기승전결을 보이는 묘한 쾌감을 선사했다.

양화대교가 완성되고 3년 뒤 지금의 서울화력발전소인 당인리발전소에 설치할 250톤의 발전기가 양화대교를 이용하여 건너게 된다. 우리가 도로에서 일반적으로 볼 수 있는 25톤 덤프트럭 10대를 한 대에 모아서 다리를 건넜으니 이는 설계 하중을 한참 넘는 것이다. 하지만 붕괴하지 않은 것은 통과 이전 거더를 보강했을 뿐만 아니라 당시 설계는 재료 탄성의 한계까지만 고려했고, 하중이 차량과 다리의 부재들에 의해 분산되는 효과로 추가적 힘을 더 버틸 수 있기 때문일 것으로 생각된다. 하지만 추후 양화대교의 늘어난 교통량과 함께 콘크리트 바닥판 노후화가 심해지는 원인이 되기도 했을 것으로 추측된다.

현재의 우리가 보는 양화대교는 2개가 같이 있는 쌍둥이 다리인데 교통량의 증가로 1982년 4차로에서 8차로로 확장된 것이다. 이후 성수대교 붕괴사고가 발생하면서 한강의 다리들을 전면적으로 조사했는데 하류 쪽 옛 다리의 노후화가 심한 것으로 나왔다. 1996년부터 양화대교 구교의 상부 구조를 전면 철거하고 재시공하는 작업이 시작되었다. 상부 구조 철거 과정에서 교각에서도 의심스러운 문제점들이 발견되어, 교량의 하부 구조까지 보강 작업을 진행한 후 2000년에 재개통했다. 구교 공사로 인해 신교의 보수·보강이 지연되었으나, 구교가 개통된 후 신교 보수·보강 공사가 시작되어 2002년에 전체 8차선이 완전히 개통되었다.

우리가 현재 볼 수 있는 양화대교는 강북 쪽 교각과 교각 사이가 넓은 곳에 아치 구조가 있다. 2010년경 경인 운하 계획과 맞물려 큰 배가 지나다닐 수 있도록 일부 교각을 철거하고 경간이 넓은 아치 구조로 연결하는 공사를 시작했다. 하지만 '운하'라는 국가사업이 정치적 대립의 중요한 키워드가 되면서 공사가 중단과 재개를 반복했다. 이미 교각을 철거하여 기형적 임시 구조로 인해 교통사고와 홍수 피해가 발생하게 된다. 오세훈 서울시장의 사임으로 당시 행정1부시장이 시장 권한대행을 맡으면서 공사의 공정률이 80%인 멈춰 있던 양화대교 아치 구조 변경 공사를 계속 진행했고, 2012년 신교 쪽 아치를 올리며 양화대교는 현재 우리가 보는 모습을 하게 되었다.

하지만 완공 이후에도 잡음이 끊이질 않았는데 아치 구조 변경 공사에서 무면허 철거업체가 폐기물을 한강에 그대로 버린 것이 밝혀져 현장소장이 구속되고 공무원들이 입건되기도 했다. 그렇게 보면 양화대교는 엔지니어들의 양면을 모두 보여주는 다리이다. 어떤 엔지니어는 양화대교를 최고의 작품으로 만들고자 힘을 다했고 어떤 엔지니어는 이것을 이용해 자기의 주머니를 채우기 위한 도구로 사용했으니 말이다. 모든 분야가 마찬가지이겠지

1-15. 아치가 설치되기 이전의 양화대교와 선유도

1-16. 구조 개선 공사로 이전 교각의 일부를 철거하고 아치를 설치하는 모습

1-17. 구조 개선 공사가 끝난 후 양화대교의 야경

만 문제를 발생시키는 사람이 묵묵히 자기 맡은 바 일들을 수행하는 사람들 얼굴에까지 먹칠하니 안타깝다.

강플레이트거더교란

제2한강교는 강플레이트거더교라는 형식의 구조로 만들어졌는데 이후 같은 방식으로 한강에는 한남대교, 영동대교, 잠실대교가 만들어졌다. 이렇게 같은 방식으로 여러 다리들이 비슷한 시기에 지어진 것은 양화대교 건설 후 강플레이트거더교에 대한 기술적 노하우가 쌓였기 때문이기도 하지만 박정희 대통령 시기 서울의 확장이 불가피한 상황에서 해외 기술 도움 없이 저렴하게 바로지을 수 있는 다리 형식이기도 했기 때문이다.

1-18. 잠실대교 건설 당시 크레인을 이용하여 강플레이트거더를 교각에 거치하는 모습

강플레이트거더교는 'steel plate girder'라는 영문 명칭에서 알 수 있듯이, 철판으로 만든 거더(대들보)를 주요 구조물로 사용하는 다리를 뜻한다. 이 steel plate girder는 평평한 강플레이트를 용접하여 'I형' 단면으로 제작하는데, 그림 1-18에서 볼 수 있듯이 I자 모양으로 이 I형 거더는 높은 안정성과 뛰어난 하중 지지 능력을 제공한다. 거더 설치가 완료되면 그 위에 차량이 다닐 수 있는 콘크리트 슬래브를 놓고 노면 방수 처리와 포장을 하여 다리를 완성한다.

우리가 구조물에서 많이 볼 수 있는 I형 단면에는 공학적 의미가 숨겨져 있는데 이를 이해한다면 우리가 보는 한강 다리가 흥미롭게 보일 수 있다. 다리에서 교각과 교각을 연결하는 거더는 그림 1-19와 같이 회전하려는 힘, 즉 회전력에 저항한다. 이러한 회전력을 공학에서는 모멘트Moment라고 부른다. 그런데 이 회전력은 같은 힘이 작용하더라도 기준점에서 멀어질수록 회전하려는 힘은 더 커

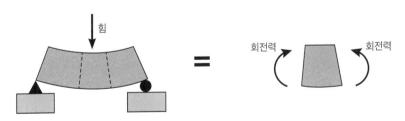

1-19. 거더에 작용하는 힘은 거더 입장에서는 회전력에 저항하는 것과 같다

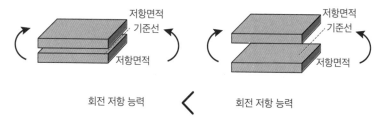

저항면적
기준선
저항면적

저항면적
기준선
저항면적

회전 저항 능력 < 회전 저항 능력

1-20. 회전력에 저항하는 면적을 기준선에서 더 멀리 보낼수록 더 큰 회전 저항 능력을 가지게 된다

진다. 즉, 모멘트(M)는 기준선으로부터 힘(F) 작용선까지의 거리(d)에 비례하여 커지는 M=F·d라고 표현된다.

반대로 힘을 받아내야 하는 거더의 입장에서 보면 기준선에서 더 멀리 단면을 배치할수록 더 큰 회전력을 버틸 수 있게 된다. 하지만 이 두 단면을 하나로 연결해야 일체로 거더가 움직일 수 있게 되기 때문에 두 단면을 연결하여 I형 단면을 자연스럽게 생성하게 된다. 결국 I형 거더는 '적은 철을 이용하여 더 큰 회전력(모멘트)을 버틸 수 있을까?'라는 질문의 결과물이라 볼 수 있다. 우리가 건물이나 다리 같은 거대한 구조물에서 I형 부재를 자주 보게 되는 이유이기도 하다.

I형 거더에서 눈에 띄는 특징 중 하나는 스티프너stiffener라고 불리는 수직보강재의 존재이다. 이 스티프너는 주로 두 가지 중요한 역할을 한다. 첫째, 국부좌굴을 방지한다. 국부좌굴은 I형 거더의 얇은 웹web 부분에서 발생할 수 있는 현상이다. 둘째, 전단 보

1-21. 위에서 아래 방향으로 힘이 가해질 때 관찰할 수 있는 I형 거더의 국부좌굴 현상

강 기능을 한다. 부재의 단면을 따라 작용하는 부재력을 전단력이라 하는데, 이 전단력이 큰 곳에 스티프너를 설치하여 전단에 대한 저항력을 높인다. 이러한 보강은 특히 긴 스팬의 거더가 큰 하중을 받는 부분에서 중요하기 때문에, 스티프너를 적절히 배치함으로써 전체 다리의 강도와 안정성을 증가시킨다.

우리 일상 속에서도 찾을 수 있는 좌굴 현상

좌굴이라는 게 무엇인지 익숙하지 않은 사람들도 많을 것이다. 좌굴에 대해서 정확히 이해하는 것은 어렵지만 그래도 감을 잡아보자면 알루미늄 캔을 발로 밟아 찌그러뜨리는 것을 떠올려 보면 쉬울 것이다. 즉, 좌굴은 부재가 축력을 받을 때 갑자기 옆으로 휘어지는 현상을 말한다. 캔 위에 발을 올리고 빠르고 강하게 힘을 주면 겹겹이 휘어서 찌그러지는데, 이것이 바로 판의 국부좌굴에 의한 현상이다.

이 예시만으로는 알 듯 말 듯 하겠지만 좌굴이라는 현상을 좀 더 제대로 이해하기 위해서는 어쩔 수 없이 수학식이 필요하다. 초기의 과정을 생략하고 오일러^{Euler} 보를 이용하면 그림 1-23의 왼쪽 그래프 같은 '$y=A \cdot \sin(\lambda \cdot x)$'라는 수학적 결론에 도달하게 된다. 여기서, x는 긴 쪽 방향 거리, y는 좌굴이 발생한 x의 직각 방향 거리(변위), A는 식의 상수이다. 기둥의 양 끝 쪽이 힌지로 고정되어 있어 x의 가장 끝 쪽(x=L)에서 좌굴에 의한 수평 및 수직 변위가 0이라는 것은 당연한 조건 사항이 된다. 그럼 '$0=A \cdot \sin(\lambda \cdot L)$'을 만족할 수 있는 경우는 '$A=0$' 또는 '$\sin(\lambda \cdot L)=0$' 중 하나일 것이다. 먼저 '$A=0$'이면 '$y=A \cdot \sin(\lambda \cdot x)$'라는 식은 그냥 '$y=0$' 이기 때문에 좌굴이 발생하지 않은 기둥

1-22. 판의 국부좌굴에 의해 찌그러진 알루미늄 캔의 모습

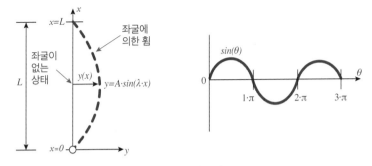

1-23. 오일러 보에서 도출된 좌굴 식과 일반적 사인 곡선

을 표현한 식일 뿐이다. 그럼 좌굴을 표현하기 위해서는 어쩔 수 없이 'sin(λ·L)=0'을 선택할 수밖에 없다. 그림 1-23의 오른쪽 그래프를 보면 sin(Θ)=0을 만족할 수 있는 지점은 Θ=n·π으로, 즉 λ·L=n·π이다(여기서 n는 1, 2, 3과 같은 정수를 의미한다).

이러한 수식의 결과로 n=1일 때 한 번 휘고 n=2일 때 두 번, n=3일 때 세 번 휘며 좌굴이 발생한다. 'λ=(n·π)/L' 조건에서 λ는 기둥에 가하는 힘이 세질수록 커지는 상수이다. 따라서 두 번 휘게 하는 힘은 한 번 휘게 하는 힘보다 크다. 마찬가지로 세 번 휘게 하는 힘은 두 번 휘게 하는 힘보다 크다. 또 하나 수식의 결과에서 알수 있는 사실은 좌굴도 공명과 마찬가지로 서서히 일어나는 현상이 아니라 어떤 힘의 위치, 즉 'λ=(n·π)/L'를 만족하는 힘의 크기에서 갑자기 일어나는 현상이라는 점이다.

이 내용을 대략적으로 이해했다면 캔을 찌그러뜨릴 때 캔 위

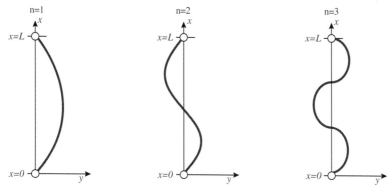

1-24. n=1, n=2, n=3일 때 각각 오일러 기둥이 휘는 모양

에 발을 올리고 서서히 힘을 주는 게 아니라 빠르고 강하게 밟아야 하는 이유도 감이 올 것이다. 캔에 서서히 힘을 가하면 여러 겹의 국부좌굴을 볼 수 없다. 만약 알루미늄 캔에 여러 겹의 좌굴을 보고 싶다면 n=1과 n=2에 해당하는 힘을 건너뛰어 갑자기 n=3에 해당하는 힘을 가해야 여러 겹의 좌굴을 볼 수 있다. 즉, 한 번에 빠르고 강하게 발을 내려찍어야 캔을 찌그러뜨릴 수 있다. 사람들은 좌굴에 대한 것을 정확히는 모르지만 이를 수학이 아닌 경험으로써 이해하고 있는 것이다.

2.

원효대교

영화에서 '괴물'이 숨었던 곳

봉준호 감독의 영화 〈괴물〉(2006)은 한강을 배경으로 하는 영화이다. 그런데 작중에서 '괴물'이 한강 어딘가의 콘크리트 터널 같은 공간에 숨어 있는 장면이 나온다. 이 장면은 한강의 구조에 익숙하지 않은 많은 사람들에게 '서울에 저런 공간이 있었나?' 하는 궁금증을 자아냈다. 영화에 나오는 이 공간이 바로 원효대교 북단에 위치해 있다. 만초천이라는 하천이 한강과 만나는 지점인데, 지금은 복개되어 덮여 있는 상태이다 보니 사람들이 보기에 마치 터널 같은 모습으로 보인다. 만초천은 본래 무악재에서 발원하여 서대문, 경부선 철길과 청파로를 따라 흐르다가 남산에서 발원하는 지류와 삼각지에서 만나 방향을 바꾸며 원효대교 북단 쪽에서 한강으로 흘러 나가는 한강의 하천이다. 이 하천은 만초라는 풀이 많아서 '만초천'이라 불리게 되었다.

일제강점기 때는 이 하천을 '욱천'이라 불렀으며 지금도 복개되지 않은 100m 구간 고가차도의 이름인 '욱천고가차도'에 그 흔

2-1. 영화 〈괴물〉에서 괴물이 숨었던 원효대교 북단의 복개된 만초천

적이 남아 있다. 참고로 일제가 지은 이름 '욱천'의 '욱'자는 '욱일
승천기'에서 가져온 것이다. 1925년 을축년 대홍수 때 용산이 잠
기고 숭례문 앞까지 물이 차게 되는 원인도 이 만초천 때문이었다.
과거에는 이 만초천과 의주대로(현 통일로)가 교차하는 곳에 하천을
건널 수 있는 돌다리가 있었다. 이 돌다리 건너 의주대로에 명나
라와 청나라 사신을 맞이하던 영은문이 있었다. 이후 철거된 영은
문 주초 앞에 독립협회가 주도하여 대한제국의 독립을 기념한 독
립문을 세우게 된다. 이 때문에 돌다리 근처에 사람들이 많이 모이
게 되었고 시장이 발달하며 지금도 있는 영천시장이 생기게 되었
다. 영천이라는 이름은 안산 아래에 흐르는 영험한 약수라는 뜻에

2-2. 청나라 사신을 맞이하던 영은문의 주초(왼쪽)와 독립문(오른쪽)

서 붙여진 이름이다.

이 장소는 소설에도 많이 등장하는데 4호선 상록수역의 역명이 되기도 하는 심훈의 소설 『상록수』(1935)에서 약박골(약박골) 약수터로 나온다. 슬프게도 옛날 신문 기사에 의하면 이 물의 효능은 라돈 성분 때문이었다. 라돈은 라듐이 붕괴하면서 만들어지는 성분으로 지금은 발암물질로 알려져 있다. 그러나 단기적인 진통 효과가 있었기 때문에 당시 사람들이 찾았던 것으로 보인다.

해방 후 만초천에 무허가 주택이 늘어나고 생활오수와 폐수로 인한 악취 문제로 고민하던 서울시는 만초천을 복개하여 도로로 사용함으로써 악취와 교통 문제를 동시에 해결하고자 했다. 지금도 그 하천을 따라가 볼 수 있는데 영천시장의 통로 아래 지금도

2-3. 만초천 복개 직후, 독립문 근처에 있던 영천시장의 모습

2-4. 만초천 복개 공사를 진행하는 모습

만초천이 흐르고 있고 서소문 아파트 아래로 흘러 이 아파트 소유주는 토지세가 아닌 하천 점용료를 내야 한다. 좀 더 내려와 강북삼성병원 바로 옆에 가면 경교장이 있다. 김구 선생이 돌아가실 때까지 머물렀던 '경교장'은 근처에 흐르던 만초천 위에 놓인 다리 '경교'를 따서 이름을 지은 건물이다. 8월 15일 광복절에 경교장과 독립문을 가본다면 좋은 여행코스가 될 것이다.

경교장에서 길을 건너 5호선 서대문역 5번 출구 쪽에 가면 만초천 옆에 있던 500년 된 회화나무가 남아 있다. 여기서 계속 만초천을 따라가면 4호선 숙대입구역에서 숙명여자대학교 방면으로 터널을 지나 청파로에 만초천의 가스를 배출하기 위한 거대한 굴뚝이 있는 것을 볼 수 있고 옥천고가차도에 도착하면 복개되어 숨겨진 만초천의 모습을 비로소 볼 수 있다. 여기서 만초천은 방향을 틀어 청파로를 따라가다가 원효대교 북단에서 한강과 만난다. 서울시에서는 이러한 만초천을 복원하려는 방안도 검토하고 있지만 용산의 비싸진 땅값과 복잡해진 이해관계로 인해 현재는 아이디어 차원에만 머물고 있어, 앞으로의 실행 여부는 미지수이다.

원효대교의 이름은 어디에서 왔을까

원효대교의 이름은 다리 북단과 연결되는 원효로에서 따온 것이다. 사실 원효대교의 북단과 바로 맞닿아 있는 곳은 앞서 말했듯

2-5. 만초천 위에 건설된 서소문 아파트

2-6. 만초천 옆의 500년 된 회화나무(왼쪽)와 만초천의 가스를 빼는 역할을 하는 굴뚝(오른쪽)

이 만초천을 덮어 만든 복개도로이다. 하지만 원효로로 갈 수 있도록 고가차로가 연결되어 있어 원효대교로 정한 것으로 보인다. 그럼 '원효로'의 이름은 어디서 왔을까? 일제강점기 용산에 유입된 일본인들은 충무로 쪽 혼마치本町, 즉 기존 원조 동네에 지지 않기 위해 자기 동네를 '모토마치(원정)元町'라 하여 으뜸가는 동네라 불렀다. 《한겨레21》 930호에 실린 〈'모토마치'가 된 지금의 신용산〉이라는 역사탐사 기사에서는 우리나라가 해방되고 1946년에 열린 가로명제정위원회에서 논의된 내용을 소개하고 있다. 이에 따르면 '원정'이라는 명칭에서 '원' 자는 그대로 두고 '효' 자를 붙여 '원효로'로 변경했는데, 원래 '원' 자와 효창원의 '효' 자를 그냥 나열했다는 설과 '원효대사'를 높게 평가하여 결정했다는 설이 있는 것으로 보인다. 하지만 결국 이 중 어느 것이 사실인지까지는 회의록 자료에서는 밝혀져 있지 않다고 한다. 참고로 원효로의 한자는 효창원의 효孝가 아닌 원효대사의 효曉이다.

　아쉽지만 사실을 밝히는 것은 역사학자들의 몫으로 두고, 우리는 다시 원효대교로 눈길을 돌려보자. 원효대교를 건너 원효로를 따라가면 숙명여자대학교가 나오고 길 하나 건너면 효창공원이 있다. 그리고 효창공원 안에는 원효대사 동상이 있으니 원효대교, 원효로, 원효대사, 효창공원에서는 묘한 일체감이 느껴진다. 그리고 효창공원에는 원효대사 동상뿐 아니라 윤봉길, 이봉창, 백정기

의사의 묘와 안중근 의사의 가묘가 있다. 효창공원은 본래 효창원이었는데 정조대왕이 늦게 얻은 문효세자가 5세의 나이에 세상을 떠나고 이곳에 묘소를 정하고 '효창묘'라고 정했다. 효창孝昌은 '효성스럽게 번성한다'라는 뜻에서 지어졌다. 그 후 고종은 이 '효창묘'를 '효창원'으로 승격하여 관리했다. 고종의 아들 영친왕을 낳은 순헌황귀비 엄씨가 내린 황실의 토지로 숙명여자대학교가 설립되었으니, 조선 왕실의 소유였던 효창공원 옆에 숙명여자대학교가 있는 이유이기도 하다.

일본은 효창원을 청일전쟁 때 일본군 숙영지로 사용했고 일제강점기에는 우리나라 최초의 골프장을 만들기도 했다. 1925년 을축년 대홍수 때는 용산의 이재민을 수용하기 위한 임시 막사를 효창원에 만들기도 했다. 해방하기 직전 조선총독부는 왕실의 묘를 모두 경기도 고양 서삼릉으로 이전했고 '효창원'을 '효창공원'으로 명칭 변경했다. 우리나라가 해방되고 김구 선생은 독립운동을 하다 타지에서 죽은 윤봉길, 이봉창, 백정기 의사의 유골을 가져와 비어 있던 효창공원에 묻었으며 안중근 의사의 유골을 찾지 못했지만 "내가 죽은 뒤 나의 뼈를 하얼빈 공원 곁에 묻어뒀다가 우리 국권이 회복되거든 고국으로 옮겨다오"라는 유언에 따라 유골을 찾을 때를 모셔 오기 위해 이곳에 가묘를 만들었다. 그 후 김구 선생도 경교장에서 총에 맞아 서거하고 이곳에 묻히게 된다.

2-7. 일제강점기, 일본이 효창원에 만든 골프장

　김구 선생과 라이벌 관계에 있던 이승만 대통령은 이 효창공원을 싫어했는데, 특히 당시 반정부 운동이 효창공원을 중심으로 일어나니 이곳의 묘를 모두 이전하고 효창운동장을 만드는 계획을 발표한다. 이때 국회를 중심으로 효창운동장 건립 계획을 반대하며 묘역의 이전 계획은 철회되지만, 효창운동장은 효창공원 입구에 만들어졌다. 게다가 효창운동장의 건립 목적이었던 1960년 AFC 아시안컵에서 한국 대표팀이 우승하게 되면서 사람들에게 '효창'이라는 단어를 들으면 '운동장'이 먼저 생각나게 하는 효과를 가져오게 되었다.

　박정희 대통령 임기 시절에도 개헌 저지 운동이 효창공원에서

2-8. 효창공원 내에 있는 원효대사의 동상

일어나니 효창공원에서 일어나는 항거와 저항의 기운을 없애고자 독립운동과 상관없는 시설들을 만들기도 했다. 김대중 대통령은 본인의 생애 최고의 연설을 1969년 효창공원 시국 연설로 꼽기도 했다. 공교롭게도 같은 해 정부의 원효대사 동상 건립 요청을 받아들여 고 조중훈 한진그룹 창업주가 건립하여 애국선열조상건립위원회에 전달하게 된다. 당시에는 정치적 갈등과 민주화를 향한 갈망이 뒤섞여 효창공원에서 일어난 일련의 일들을 내가 감히 무엇이라 평가하기 어렵지만, 지금에서 보면 원효대사가 묘역을 지켜주고 있는 것처럼 보이니 이 또한 순국선열의 뜻이 아니었을까 한다.

안중근 의사가 이토 히로부미를 저격하지 않았더라면

이전에 지인이 내게 "안중근 의사가 저격한 이토 히로부미라는 한 명의 일본인이 죽거나 사는 것이 역사의 흐름을 바꾸지는 못하지 않았겠느냐?"라고 물은 적이 있다. 그런데 이러한 상상으로 쓰인 소설이 있다. 복거일 작가의 『비명을 찾아서』(1987)는 1909년 안중근 의사가 이토 히로부미 저격에 실패하여 초대 조선 총독이 된 온건파 이토는 식민지의 내지화 정책을 적극적으로 펼침으로 소설의 시점인 1980년대까지 일본은 조선, 대만, 만주국을 식민지로 경영하는 제국으로 남아 있게 되었고, 한국인인 주인공이 일본 제국의 2등 국민으로 살아가는 내용을 담고 있다.

이 소설에서 이야기하고 있는 가정과 같이 일본이 제2차 세계대전에서 패망하지 않았다면 역사는 현재와 완전히 다르게 흘러갔을 것이다. 일본 패망의 원인은 제2차 세계대전에서 주축국으로의 참전이라 볼 수 있다. 「전쟁 이전 일본에서 군국주의와 파시즘 확산의 요인으로서의 일본 제국 육군The Imperial Japanese Army as a Factor in Spreading Militarism and Fascism in Prewar Japan」이라는 제목의 논문에서는 일본에서 발생한 군국주의Militarism가 일본이 제2차 세계대전의 주축국으로 참여하게 된 원인이라고 보고 있다. 여기서, 일본의 군국주의는 '군사력이 국력을 의미하며 전쟁으로 국력이 발현되기 때문에 교육, 경제, 법 등이 모두 전쟁을 준비하기 위한 조직'이라고 생각하는 사상이다. 특히, 논문에서는 야마가타 아리토모山縣有朋를 군국주의 사상이 일본에 빠르게 퍼지게 한 주요 인물로 보고 있고, 또한 이 군국주의 사상에 반대하는 영향력 있는 반대파가 없었기 때문이라고 설명하고 있다.

　이 논문에서 이야기하고 있는 야마가타 아리토모는 이토 히로부미와 같은 조슈번 출신 인물이다. 이 두 인물 이야기를 하기에 앞서 일본의 메이지 유신의 주도적 역할을 했던 사쓰마번과 조슈번에 관해 이야기할 필요가 있다. 사쓰마는 일본의 규슈지역 가고시마현 지역을 일컫는 말이고 '번'은 과거 제후국을 일컫는 말이다. 사쓰마번은 우리나라에서 임진왜란에 참전한 세력으로 유명한데 김한민 감독의 영화 〈노량: 죽음의 바다〉(2023)에서 백윤식 배우가 연기했던 시마즈 요시히로가 사쓰마를 다스리던 다이묘였으며 노량해전에 참전한 왜군들이 모두 이곳 출신이었다. 도요토미 히데요시 사후 세키가하라 전투에서 승리하게 되는 도쿠가와 이에야스의 반대편인 서군으로 참전하면서 에도 막부 시기 중용되지 못했고 이러한 불만이 메이지 유신 주도 세력이 되는 원인이 되기도 했다.

　조슈번은 현재 혼슈의 야마구치현 지역을 말한다. 이 지역 다이묘는 모리 가문이었고 일본 센고쿠시대(전국시대) 통일을 눈앞에 두고 있던 오다 노부나가가 혼노지의 변으로 살해되고 도요토미 히데요시가 교토로 회군할 때 공략하고 있던 세력이 이 모리 가문이었다. 사쓰마번과 마찬가지로 세키가하라 전투에서 서군으로 참전하며 에도 막부 시기 소외되었고 메이지 유신 때 사쓰마번과 함께 주도적 역할을 하여 근대 이후 일본의 주도권을 잡게 되는 세력이 된다. 특히, 메이지 유신에서 조슈번 출신 요시다 쇼인이 중요한 사상적 지주 역할을 하는데 그의 제자들이 메이지 유신의 중추적 역할을 했고 이 제자 중 한 명이 이토 히로부미였다.

일본의 메이지시대 사쓰마번과 조슈번 출신 인사들이 주요 요직을 차지했으며 이 두 파벌의 역사가 지금까지 이어져 고이즈미 준이치로 일본 전 총리는 사쓰마 파벌, 아베 신조 일본 전 총리는 조슈 파벌로 아직도 일본의 정권을 좌지우지하고 있다. 사쓰마번 출신은 해군에서 주도권을 잡았으며 주요 인물로는 러일전쟁 해군 원수였던 도고 헤이하치로가 있다. 조슈번 출신은 육군에서 주도권을 잡았으며 러일전쟁에서 203고지 전투에서 사령관이었던 전쟁의 신으로 추앙받는 노기 마레스케가 있다. 일제강점기 서울 남산에 노기 신사가 현재 숭의여자대학교가 있는 곳에 있기도 했다.

조슈번이 주도했던 일본 육군은 일본 군국주의가 퍼지게 되는 근원이었는데 앞서 언급했던 야마가타 아리토모는 독일 프로이센 군대를 모방하여 일본 육군의 독일화를 적극적으로 추진했던 인물이다. 이토 히로부미가 일본의 초기 헌법을 만들 당시 야마가타 아리토모는 정치인들이 군대를 좌지우지하는 것을 방지하고 싶어 했으며 이런 이유로 군의 행정권은 내각에 남기고 통수권은 천황 직속 참모본부에서 가져가는 내용을 이토에게 제안했다. 이토는 야마가타와 같은 조슈번 출신으로 경쟁 관계에 있기는 했지만, 군이 정치에 참여하는 것을 방지하는 제안에 찬성했다. 하지만 이렇게 군 통수권이 의회나 정부의 손에서 벗어나 있다는 것은 다르게 말하면 이들을 통제하기도 어렵다는 의미가 된다는 것을 몰랐다. 온건파이며 전쟁을 가능하면 피하고 싶어 하던 이토 히로부미가 사라지며 조슈번 파벌은 야마가타 아리토모가 주도하게 되었고 그의 군국주의 사상을 막을 세력은 사라졌다.

물론, 역사는 복합한 요인들의 상호작용으로 이루어지므로 한 개인의 영향만으로 큰 흐름을 바꾸기는 쉽지 않았을 것이다. 하지만 그 당시 인물들로 볼 때 이토 히로부미는 일본이 군국주의로 가는 것을 막을 수 있는 일본의 유일한 카드이기도 했다. 그의 성향을 보면 문민정치의 전통을 강화하고 군부의 정치 개입을 제한하고자 했으며 군사력보다는 외교를 통하여 문제를 해결하고자 했다. 또한 이토의 외교에서는 미국과 우호적이었으며 영일동맹을 주도했던 것으로 볼 때 이토의 세력이 주도권을 잡았다면 연합국의 편에 있었을 가능성도 있다. 이토가 신뢰했던 이완용이 죽기 전 아들에게 "앞으로 미국이 득세할 것 같으니, 너는 친미파가 되어라"라고 했던 판단은 국제정세에 귀신같았던 이토의 미래 예측에서 나온 이야기가 아닐까 한다.

이토 히로부미는 일본이 군국주의로 가는 것을 막거나 늦출 수 있는 영향력 있는 유일한 인물이었고 이토가 죽음으로써 일본 패망의 원인이 되는 군국주의의 흐름은 걷잡을 수 없게 되었다. 그러니 일본에게나 한국에게나, 이 저격은 매우 중요한 역사적 사건이었다고 말할 수 있을 것이다. 안중근 의사가 이토의 얼굴도 모를 정도로 준비가 되어 있지 않은 상황에서 단 한 번의 기회로 이토를 저격할 수 있었던 것은 하늘이 한국을 도왔기 때문일 것이다.

2010년, 하얼빈 의거 101주년을 기념하여 남산에 안중근의사기념관이 신관으로 개장했다. 여기는 본래 일제강점기 일본이 만든 조선신궁이 있던 자리이다. 장재현 감독의 영화 〈파묘〉(2024)를 보면 귀신이 자기 얘기를 하면서 "남산의 조선신궁에 묻혔어야 했는데 음양사들이 나를 이런 곳에 묻었다"라고 말한다. 여기서 귀신이 말하는 신궁이 바로 이 조선신궁을 말하는 것이다. 일본 귀신들의 기를 누르기 위하여 안중근의사기념관을 건립했다는 설이 있으며 기념관 앞에 잔디에 거대한 돌들이 놓여 있는데 확인되지는 않았지만, 이 또한 그 기를 누르기 위한 것이라는 이야기가 있다. 아이들과 주말에 안중근의사기념관에 가본다면 아이들에게 좋은 역사 교육이 될 것이다.

2-9. 과거 남산의 조선신궁 전경

한강 다리, 서울을 잇다

2-10. 현재 남산에 남아 있는 조선신궁 배전 터

안중근 의사 가묘를 찾아서

안중근 의사의 가묘가 마련되어 있는 곳이 바로 효창공원이다. 6호선 효창공원앞역 1번 출구로 나와 공원까지 오르막길을 걸었다. 경사가 있어 버스를 이용하고 싶다면, 2번 출구 앞 정류장에서 400번 버스를 탈 수 있다. 오르막길을 오르다 보면 먼저 효창운동장이 눈에 들어오고, 곧이어 효창공원의 정문이 모습을 드러낸다. 정문으로 들어서서 왼쪽으로 가면 삼의사묘역으로 향하는 계단이 있다. 이 계단을 올라가면 네 개의 봉분이 보인다. 그런데 봉분은 네 개인데 왜 삼의사묘역이라는 이름일까? 맨 왼쪽에 있는 봉분은 묘가 아니라 가묘이기 때문이다. 이 가묘의 주인이 바로 안중근 의사이다. 안중근 의사의 시신을 아직 찾지 못해 빈 묘로 남아 있는 상태이며, 언제고 시신을 찾게 되면 이곳으로 모셔 올 것이다. 이곳은 독립운동가들의 숭고한 정신을 기리는 공간으로, 역사의 무게를 느낄 수 있는 장소이다.

이봉창 의사는 대한민국 임시정부의 김구 선생과 함께 천황 암살 계획을 세웠다. 천황에게 폭탄을 던졌으나 불행히도 명중시키지 못하고, 현장에서 체포되어 이치가야 형무소에서 순국했다. 윤봉길 의사는 대한민국 임시정부에서 김구 선생을 만나 한인애국단에 가입하고 독립운동에 투신했다. 1932년 홍커우 공원에서 열린 천황 생일 및 전승 축하 기념식에 참석한 시라카와 대장과 일본

2-11. 효창공원에 있는 삼의사묘역으로, 왼쪽에서부터 안중근 의사 가묘, 이봉창 의사 묘, 윤봉길 의사 묘, 백정기 의사 묘이다

군관 수뇌들을 향해 폭탄을 투척했다. 이로 인해 다수의 일본 고위 인사들이 죽거나 중상을 입었다. 윤봉길 의사는 현장에서 체포되어 일본 육군형무소 공병 작업장에서 순국했다. 백정기 의사는 일본 시설물 파괴 공작, 요인 사살, 친일파 숙청 등을 목표로 적극적인 항일 운동을 전개했다. 1933년 상하이 훙커우의 연회에 참가한 일본 주중 공사를 습격하려다 체포되어 나가사키 법원에서 무기형을 선고받고 복역하다가 이듬해 순국했다.

다음으로 임정요인묘역으로 발걸음을 옮겼다. 이 묘역에는 대한민국 임시정부의 주요 인사 3인의 묘가 있다. 왼쪽부터 조성환

2-12. 임정요인묘역의 조성환 선생 묘, 이동녕 선생 묘, 차리석 선생 묘

선생, 이동녕 선생, 차리석 선생의 묘이다. 조성환 선생은 임시정부에서 군무차장을 역임했으며, 만주에서 군무부장으로 활동하며 청산리대첩 등 무장 독립운동을 이끌었다. 이후 임시정부 국무위원으로서 광복군 창설과 활동에 크게 이바지하였다. 이동녕 선생은 독립협회에서 언론 및 계몽운동을 펼쳤고, 서간도로 망명하여 신흥무관학교를 설립했다. 임시정부에서는 의정원 의장, 국무위원, 주석 등을 역임했다. 차리석 선생은 임시정부의 기관지인 독립신문 창간에 주도적으로 참여하여 기자와 편집국장으로 활동했다. 이후 임시의정원 위원, 국무위원 등을 역임했으며, 임시정부가 위

2-13. 효창공원에 있는 백범 김구 선생의 묘

2-14. 효창공원의 백범김구기념관

기에 처했을 때 국무위원회를 조직하고 비서장으로 선출되어 임시정부의 존속에 중요한 역할을 했다.

다음으로 공원 정문에서 왼쪽으로 가면 보이는 계단을 올라가면 백범 김구 선생의 묘가 보인다. 묘소 참배 후, 이봉창 의사 동상 옆길을 따라가면 백범김구기념관에 도착할 수 있다. 이 기념관에서는 김구 선생의 생애와 대한민국 임시정부의 역사를 상세히 배울 수 있어, 효창공원 방문 시 꼭 들러볼 것을 추천한다. 기념관의 관람을 마친 후 원효대사 동상이 있는 곳으로 발걸음을 옮겼다. 이곳에는 동상과 함께 어린이 놀이터가 있어 잠시 휴식을 취했다. 이 지점에서 공원을 나서면 바로 숙명여자대학교의 대학로와 연결된다. 나 역시 대학로에서 식사하며, 이날의 뜻 깊은 답사를 마무리했다. 효창공원은 독립운동의 역사를 되새길 수 있는 의미 있는 장소였다.

단순함 속에 숨은 수려함

내가 생각하는 한강에서 가장 아름다운 다리는 원효대교이다. 원효대교는 트러스나 케이블 등으로 화려한 장식은 없지만 보고 있으면 청바지와 흰 티에도 아름다움과 멋을 뿜어내는 전문 모델처럼 단순하면서 기하학적 패턴을 이루는 구조적 자연미가 아름답고, 최근 미니멀리즘에 잘 어울리는 다리이기도 하다. 이러한 원효대교의 가치를 서울특별시에서도 인정하여 '서울시미래유산'으로 선정하기도 했다.

이 아름다운 원효대교를 감상하기 위해 여의도한강공원으로 향했다. 이곳은 5호선 여의나루역 2번 출구에서 바로 연결되어 대중교통으로 접근하기가 매우 편리하다. 자동차를 이용할 경우, 한강공원 주차 사이트●에서 주차장 상황을 미리 확인할 수 있다. 공원에 들어서서 원효대교가 보이는 오른쪽으로 걸었다. 가는 길에는 가족 단위 방문객들을 위한 시설들이 잘 갖추어져 있었다. 그늘막을 설치할 수 있는 넓은 잔디밭과 아이들을 위한 모래 놀이터가 있어, 다양한 연령대가 함께 즐길 수 있는 공간으로 조성되어 있다.

원효대교 방향으로 더 이동하면 한강유람선 매표소가 나온다. 과거와 달리 현재는 탑승장이 아닌 한강공원 내에 별도로 매표소가 설치되어 있다. 유람선 탑승을 위해서는 승선신고서 작성이 필요하므로, 탑승 시간보다 여유 있게 도착하는 것이 좋다. 유람선 탑승장 뒤편에서는 원효대교의 모습을 감상할 수도 있다.

유람선 탑승장 옆으로 원효대교가 시원하게 뻗어 있는데, 다리 남단의 확장된 모습에서 과거 요금소의 흔적을 엿볼 수 있다. 이 지점을 지나 다른 선착장으로 가면 오리배를 탈 수 있다. 나는

● 미래한강본부 통합주차포털(ihangangpark.kr)

2-15. 여의도한강공원 입구에서 마포대교까지 개천처럼 흐르고 있는 피아노 물길

2-16. 여의도한강공원의 물빛 광장 분수

오리배 구경을 마친 후, 아이들을 위해 잘 조성된 물놀이터를 보기 위해 공원 입구 쪽으로 방향을 돌렸다. 여의도한강공원은 가족 단위 방문객들을 위한 다양한 시설이 있어, 모든 연령대가 즐길 수 있는 공간으로 잘 조성되어 있다.

여의도한강공원 입구에서 마포대교 방향으로 그림 2-15와 같은 '피아노 물길'이 이어져 있다. 이곳에서 아이들은 마치 개천에서 노는 것처럼 물놀이를 할 수 있다. 마포대교 인근에는 '물빛 광장 분수'가 있어, 얕은 수심으로 아이들이 안전하게 놀 수 있도록 조성되어 있다. 분수 근처 잔디밭은 그늘막 텐트 설치가 허용된다. 간이 텐트를 준비해 가면 물놀이 후 쉴 수 있는 공간을 만들 수 있어, 무료 피서지로 한강을 즐기기에 안성맞춤이다. 나도 이곳에서 아이들의 물놀이를 지켜보며 즐거운 마음으로 답사를 마무리했다.

원효대교의 아름다움을 만든 콘크리트

원래 서울시에서는 원효대교를 공사비가 저렴하며 이전에 시공 경험이 있는 '강플레이트거더교'로 계획하고 있었다. 하지만 '한강의 다리가 실용성에만 치우쳐 미적 중요성을 놓치고 있다'라는 비판의 여론과 '한강에도 아름다운 다리를 만들어야 한다'라는 사회적 요구가 있었고 서울시에서도 이러한 요구를 받아들여 새로운 구조과 공법을 사용하기로 계획을 변경하게 되었다. 이렇게 만들어진 원효대교의 수려한 미학적인 부분은 이전 한강의 다리에서 기능적인 면만 강조하던 시기를 벗어나는 상징으로도 매우 중요한 의미가 있다. 서울시는 민간투자사업으로 '프리스트레스트 콘크리트Prestressed Concrete' 방식을 확정하여 건설회사에 참여 여부를 타진했다. 민간투자사업은 건설회사에서 건설 비용을 부담하고 20년의 운영권으로 비용과 이익을 회수하는 방식을 의미하는데 원효대교는 국내 최초의 민간투자사업이었다. 이후 원효대교는 한강의 열세 번째 다리로 1978년 공사를 시작하여 1981년 완공되었다.

원효대교는 민간투자사업이었기 때문에 개통 이후 유료 통행을 시행했다. 하지만 국내 첫 번째 민간투자사업이다 보니 통행료 징수에 대한 여론이 매우 부정적이었고 대부분의 차량이 원효대교를 피해 우회하면서 계획했던 교통 분배와 투자금 회수가 어려워 보였다. 원효대교의 민간투자사업을 맡았던 건설회사 이사회에서는 '서울시민의 편의와 교통의 원활한 소통, 그리고 기업 이윤의 사회 환원이라는 공익 기업의 정신에 따라 서울특별시에 기부채납'하기로 의결했고 이후 원효대교는 무료로 통행할 수 있게 되었다. 전자기기를 사기 위해서는 용산전자상가를 가야만 했던 시절 내게 원효대교는 휴대용 카세트 플레이어나 전자 게임기를 사기 위해 건너야 했던 설렘의 다리이기도 했다.

원효대교가 수려한 비율로 만들어질 수 있었던 것은 앞에서

2-17. 한강을 가로지르는 수려한 원효대교의 전경

2-18. 원효대교 개통 초기인 1982년, 원효대교 남단에서 통행료를 징수하고 있는 모습

언급한 '프리스트레스트 콘크리트'로 만들어졌기 때문이다. 콘크리트는 인류가 만들어 낸 '인공적 돌'이다. 콘크리트가 있기 전에는 자연 돌을 쌓아 구조물을 만드는 '축조술'이 매우 중요한 학문이었다. 이후 엔지니어들이 콘크리트로 원하는 모양의 인공 돌을 만들기 시작하면서 '축조술'에 비교할 수 없을 정도로 거대한 구조물들을 자유롭게 만들 수 있게 되었다. 하지만 콘크리트도 암석과 같은 장단점을 가지고 있었고 이는 압축력에는 강하지만 인장력에는 매우 약한 것이었다. 이를 반영하듯 현재 설계기준에서도 콘크리트의 인장강도는 없는 것으로 가정한다. 언급한 콘크리트의 장점만 사용하고 단점을 없애는 방법이 바로 콘크리트에 미리 압축력을 가하는 프리스트레스트 콘크리트 방식이다.

프리스트레스트 콘크리트는 다리의 부재에 하중이 발생하기 전에 부재를 구성하고 있는 콘크리트에 미리 압축력을 발생시킨다. 나중에 하중에 의해 부재에 인장력이 가해지더라도 미리 가해 놓은 압축력에 의해 상쇄되고 콘크리트에는 인장력을 상쇄하고 남은 압축력만 작용하게 된다. 그럼 '어떻게 미리 압축력을 가하지?'라는 의문이 생길 것이다. 엔지니어들은 콘크리트 속에 강선을 배치하고 강선을 늘림으로 강선에 긴장력(인장력)을 발생시키고, 이를 지지해 주는 반작용으로 콘크리트에 압축력을 발생시킨다. 강선의 끝을 콘크리트 구조체에 고정하는 기구를 '정착 장치'라 하는데 방

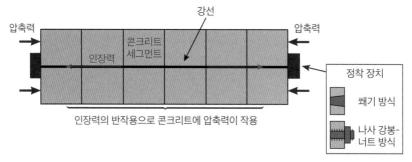

압축력 →   인장력   콘크리트   강선   ← 압축력
                       세그먼트

정착 장치

쐐기 방식

나사 강봉-
너트 방식

인장력의 반작용으로 콘크리트에 압축력이 작용

2-19. 강선에 미리 인장력을 발생시키고 이에 대한 반작용으로 콘크리트에 압축력이 작용한다

식에 따라 공법이 나뉘며 현재는 대부분 쐐기 방식을 이용하는 프레시넷Freyssinet 공법을 사용하고 있으나 원효대교는 나사 강봉-너트 형태로 정착시키는 디비닥Dywidag 공법을 이용했다. 이렇게 미리 압축력을 발생시키는 프리스트레스트 콘크리트를 이용하면 무거운 콘크리트를 가지고 더 긴 경간의 다리를 만들 수 있고, 철근콘크리트보다 더 아름다운 비율을 만들어 낼 수 있다. 원효대교가 프리스트레스트 콘크리트 방식을 이용하여 만든 국내 첫 번째 장대 교량이다.

부서지지 않는 등대를 위해 만들어진 현대의 콘크리트

콘크리트가 처음 사용된 것은 고대 로마시대이다. 이탈리아의 수도 로마에 가면 판테온 신전을 만나볼 수 있는데 이곳 천장의 돔이 로마 콘크리트로 만들어졌다. 그 독특한 색감과 정교한 형태는 오늘날까지도 방문객들에게 경이로움을 선사한다. 로마 콘크리트가 어떻게 만들어졌는지 관련 자료는 고대 이집트의 알렉산드리아 도서관에 있었을 것으로 추정되는데 카이사르의 이집트 원정 시기 화재로 소실되어 지금은 남아 있지 않다. 다만 연구에서는 현재와 같이 시멘트 원료를 고온으로 가열하는 원형 회전로(킬른kiln)를 이용하는 제작과정을 거친 것이 아닌 자연에서 고온 과정을 거친 화산재를 이용했을 것으로 추측되고 있다.

하지만 로마 콘크리트의 자료가 소실되어 인류는 원하는 형태로 만들 수 있는 콘크리트라고 하는 재료를 사용할 수 없게 되었다. 따라서 자연의 돌을 깎거나 있는 모양 그대로 이용하여 구조물을 만들어야 했고 콘크리트가 다시 만들어지기 이전 토목 분야에서는 자연의 돌을 쌓는 축조술과 자연의 돌을 이용하여 아치 구조를 만드는 기술이 발전했다. 다시 인류가 콘크리트를 사용할 수 있게 된 것은 근대에 들어서면서부터이고, 그 계기는 영국의 에디스톤Eddystone 등대에서 시작되었다.

영국 플리머스Plymouth 항구 앞 바다는 북해에서 대서양으로 나가기 위해 지나가야 하는 길목이기에 엄청나게 많은 배들이 지나다닌다. 하지만 이러한 지리적 중요성에도 불구하고 이 해협에는 썰물 때 보였다가 밀물 때 잠기는 '에디스톤'이라는 유명한 암초 바위가 있다. 과거 이곳을 지나는 선원들에게는 지뢰 같은 곳이었

2-20. 콘크리트로 만들어진 로마 판테온 신전의 돔 지붕

고 이 암초 바위에 의해 매년 배가 침몰했다. 이에 영국 사람들은 이곳을 경고하기 위하여 에디스톤 암초 바위 위에 등대를 세웠다.

첫 번째 시도는 1695년 두 화물 선박이 이 암초 바위에 침몰하면서 시작된다. 이 화물 선박의 선주였던 헨리 윈스탠리Henry Winstanley는 사고 소식을 듣고 플리머스 항구로 가서 사고 원인을 듣고 이 위험한 암초 위에 왜 아무런 표식이 없는지 의아해했고, 이미 20년 전에 암초 위에 등대를 만들라는 왕의 명령이 있었다는 이야기를 듣는다. 윈스탠리는 자기가 직접 등대를 만들어야겠다고 작심하고 해군성으로부터 배와 인력을 지원받아 공사가 시작된다. 이 등대는 화강암과 나무를 건설재료로 팔각형의 탑 형태 설계되었으며 초로 불을 밝히는 방식으로 계획된다. 이 등대가 만들어질 당시 영국과 프랑스는 전쟁 중이었고 해군 함선이 작업자들을 보호하도록 배정되었다. 하지만 어느 날 보호 함선이 함대에 합류하라는 명령이 받고 떠나며 작업자들은 보호받지 못했고 프랑스 함선이 다가와 암초의 기초공사를 파괴하고 윈스탠리를 프랑스로 납치해 갔다.

윈스탠리로부터 자초지종을 들은 프랑스 루이 14세는 "영국과 전쟁하는 것이지 인류애와 전쟁하는 것이 아니다"라는 말과 함께 그를 풀어주었다. 영국으로 돌아온 윈스탠리는 공사를 재개했고 1698년 첫 번째 에디스톤 등대는 완성되었다. 이렇게 바다 한가운데 있는 암초 위에 등대를 만든 것은 인류 역사상 처음 있는 일이었다. 하지만 북해와 근접해 있는 이 해협은 겨울 폭풍이 불면 파도가 엄청나게 파괴적인데 처음 시도된 에디스톤 등대는 겨울 폭풍에 피해를 보고 만다. 북해의 겨울 폭풍을 실감하고 싶다면 바이킹이 북해를 건널 때를 묘사한 바이킹이라는 놀이기구를 타보면 된다. 윈스탠리는 포기하지 않고 추가적 보강과 장식을 더하여 두

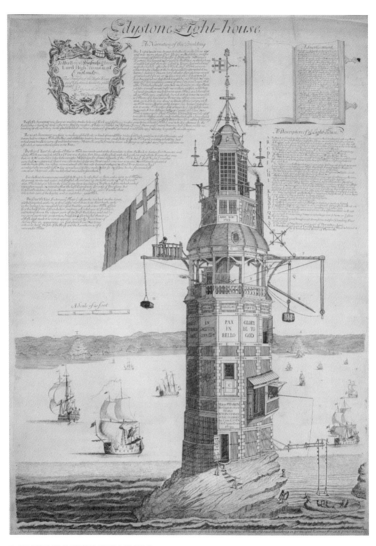

2-21. 헨리 윈스탠리의 에디스톤 등대

2-22. 존 러디어드가 설계한 에디스톤 등대

번째 등대를 완성했으며 이 등대가 운영되는 5년 동안 에디스톤에
서는 좌초 사고가 일어나지 않았다.

1703년 영국 남부에는 그레이트 스톰The Great Storm이라고 일컫는 최악의 폭풍이 몰아치고 이때 보수를 위해 등대에 있던 윈스탠리는 등대가 파괴되며 목숨을 잃게 된다. 이렇게 윈스탠리의 두 번째 등대가 파괴되고 다음으로 존 러빗John Lovett 대령이 나서는데 그는 에디스톤의 임대권을 얻고 의회법으로 지나가는 선박들로부터 통행료를 받을 수 있도록 보장받는다. 그가 존 러디어드John Rudyard에게 새 등대 설계를 의뢰하며 이전과 다르게 나무를 재료로 하는 매끄러운 원뿔 형태의 에디스톤 등대가 완성된다.

이 등대는 50년 동안 문제가 없을 정도로 견고했다. 하지만 앞서 이야기한 것처럼 등대가 나무로 만들어지다 보니 방수와 내구성을 위하여 타르tar로 등대의 표면을 보호해야 했다. 그런데 1755년 에디스톤 등대에 촛불을 사용하던 랜턴 꼭대기에서 화재가 발생했고, 표면처리를 했던 타르와 만나 에디스톤 등대는 모두 불타버리고 말았다.

이렇게 세 번째 등대가 파괴되고 영국 왕립 학회에서 네 번째 등대를 만들기 위한 적임자로 지금도 토목 전공자라면 한 번 들어봤을 만한 토목공학자 존 스미튼John Smeaton을 추천하게 된다. 존 스미튼이 처음으로 자신을 토목공학자Civil Engineer라고 소개했다. 일본의 영향을 받은 우리나라는 '토목'이라는 표현을 쓰지만, 영어로 'Civil'은 시민 또는 민간이라는 의미를 내포하고 있다. 이전의 공학, 즉 보통 공병대에서 사용했던 엔지니어링을 뜻하는 'Military Engineer'와 대조하여, 민간에서 활동하고 시민을 위하는 공학자라는 의미를 담아 본인을 '시민 공학자Civil Engineer'라고 자칭한 것이다. 그는 근대적 교량, 운하, 항만 기술의 기초를 닦았고 처음으로 시멘트의 시작점이 되는 수경성 석회Hydraulic lime를 골재와 함께 혼합하여 콘크리트를 만들었다.

2-23. 제임스 더글러스의 에디스톤 등대

존 스미튼에 의해 인류는 로마시대 이후 사용하지 않았던 콘크리트라는 재료로 구조물을 만들 수 있었고 그 첫 작품이 바로 네 번째 에디스톤 등대였다. 이 등대 설계에는 제비꼬리 이음Dovetail Joint라는 방식을 이용하여 서로 엇갈리도록 구조체를 쌓음으로 등대의 견고성을 증대시켰다. 1759년에 완공된 이 등대는 매우 튼튼했고 124년 동안 문제없이 사용했다. 하지만 다시 문제가 발생했

2-24. 존 스미튼의 에디스톤 등대는 용도가 폐기된 이후에도 재조립되어 전시되고 있다

는데 이번 문제는 등대 자체에서 발생한 것이 아니라 등대가 서 있는 암초 바위에서 균열이 발견된 것이었다.

다음으로 1882년 제임스 더글러스James Douglass가 설계한 다섯 번째 에디스톤 등대는 존 스미튼과 같은 방식을 이용하여 기존 위치 옆 더욱 단단한 지반에 만들어졌다. 2개의 등대가 나란히 서 있는 상태에서 이전 등대가 파괴되어 새로 만든 등대에 부딪힌다면 같이 붕괴할 가능성이 있어 기존 존 스미튼의 등대는 없애는 것으로 계획되었다. 하지만 실패에도 굴하지 않고 도전하는 영국인들의 도전정신을 보여주는 이 에디스톤 등대를 영국인들은 사랑했다. 이러한 이유로 존 스미튼의 등대는 분해되어 육지에 재조립되어 전시되었고 제임스 더글러스에 의해 만들어진 에디스톤 등대는 지금도 그 자리를 지키고 있다.

콘크리트보의 기술 발전

콘크리트는 압축에는 강하지만 인장에는 약한 재료적 특징을 가진다. 콘크리트의 장점인 압축력에 강한 저항성을 최대한으로 활용하고자 한다면 미리 압축력을 부재에 작용시켜 추후 외력에 의하여 발생하게 되는 인장력과 상쇄시키는 방법일 것이다. 이러한 프리스트레스의 개념은 과거 목공 기술에서 찾아볼 수 있다. 옛날 사람들이 나무통barrel을 만들 때 사용한 방법을 살펴보면, 프리스트레스의 원리를 어렴풋이 이해할 수 있다. 옛 목수들은 나무 조각들을 둥글게 배열한 다음, 그 주위를 밧줄이나 금속 띠로 장력이 발생할 정도로 단단히 감았다. 이렇게 하면 나무 조각판들 사이에 압축력이 발생하고 이 압축력 덕분에 통 안에 와인 같은 액체가 새어 나오지 않고 잘 버틸 수 있었다.

이 과정을 자세히 들여다보면, 현대의 프리스트레스 기술과 비슷한 점을 발견할 수 있다. 밧줄 또는 금속 띠는 팽팽하게 당겨져 있어 인장력을 받고, 나무 조각판들은 반작용으로 압축력을 받는다. 이렇게 나무통에는 실제로 액체를 담기 전, 이미 나무판 전체에 압축력이 작용하고 있는 상태가 된다. 물론 당시 사람들이 이 원리를 과학적으로 이해했다고 보기는 어렵겠지만, 경험을 통해

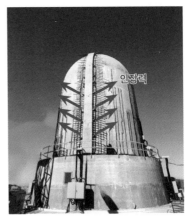

2-25. 나무통에 프리스트레스를 가하는 원리와 같은 원자로 격납 건물

이런 방식이 효과적이라는 것을 알아냈을 것이다. 이 오래된 통 제작 기술은 오늘날 우리가 사용하는 원자력발전소의 원자로 격납 건물에도 그대로 사용되어 원자로의 강한 치밀성을 유지시켜 준다.

콘크리트에 프리스트레스 원리를 적용하는 초기 아이디어는 19세기 후반에 논의되었다. 먼저 1886년, 미국 샌프란시스코의 엔지니어 잭슨이 흥미로운 아이디어로 특허를 얻었다. 그는 인공 석재 또는 콘크리트 아치에 강철 막대를 이용해 긴장력을 가하는 방식으로 바닥 구조를 만드는 방법을 고안했다. 이는 콘크리트 구조물에 프리스트레스 개념을 적용한 초기 사례로 볼 수 있다. 비슷한 시기인 1888년, 독일에서는 도링이라는 엔지니어가 또 다른 아이디어로 특허를 받았다. 그의 아이디어는 콘크리트 슬래브에 하중이 가해지기 전에 미리 강철을 이용해 압축력을 주는 것이었다.

하지만 초기의 프리스트레스트 콘크리트 기술은 예상치 못한 문제에 직면했다. 콘크리트의 부피가 변하는 수축과 크리프 현상 때문에, 처음에 가했던 프리스트레스 효과가 시간이 지나면서 점차 사라지는 문제가 발생한 것이다. 다시 말해, 콘크리트가 굳어가면서 수축하는 자기수축과 지속적인 하중을 받으면서 서서히 변형되는 크리프 현상으로 인해, 강선에 가해진 초기의 인장력이 점점 줄어들었고 결국 시간이 지나면 강선의 긴장력은 사라져 프리스트레스 효과가 거의 사라지게 되었다.

그러나 이러한 난관의 해결책은 고강도 강선의 생산이 가능해지면서 1928년 프랑스의 엔지니어 프레이시넷Freyssinet에 의해 제시되었다. 그는 일반 강철 대신 고강도 강선을 사용하는 방법을 제안했다. 프레이시넷이 사용한 강선은 항복강도가 1,200MPa를 넘었고 이 강선에 약 1,000MPa까지 프리스트레스를 가하여 콘크리트의 변화로 300MPa 정도가 감소하여도 700MPa가 남아 있을 수 있었다. 이는 일반 300~400MPa 항복강도 강철로는 달성할 수 없는 긴장력이었다. 이 혁신적인 접근 방식 덕분에, 콘크리트의 수축과 크리프로 인한 프리스트레스 손실을 상쇄하고도 충분한 효과를 유지할 수 있었다. 이후 프레이시넷이 개발한 쐐기 방식의 정착 장치로 프리스트레스트 콘크리트가 더욱 경제성을 확보하면서 현대적 의미의 프리스트레스트 콘크리트 기술이 본격적으로 발전할 수 있는 계기가 되었다.

단순보를 이용하여 프리스트레스트 콘크리트의 간단한 예를 살펴보면 외력에 의하여 콘크리트에 작용하고 있는 응력은 위에는 압축과 아래는 인장을 받게 된다. 따라서 휨모멘트가 가장 큰 가운데의 인장 응력이 작용하는 아래쪽에서 균열이 발생할 가능성이 가장 크다. 강선에 긴장력을 도입하여 반작용으로 콘크리트에 압축력을 가하게 되면 콘크리트에는 균일한 압축 응력이 가해진다. 이를 종합해 보면 그림 2-26과 같이 콘크리트 전체에 압축 응력이

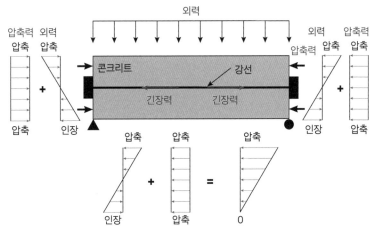

2-26. 단순보의 간단한 프리스트레스트 콘크리트와 해석의 예

작용하고 가장 밑단은 응력이 0인 상태를 만들 수 있게 된다. 물론 이 예는 가장 간단한 프리스트레스트 콘크리트이며 일반적으로 강선은 곡선으로 배치되며 부정정구조물에 프리스트레스를 적용하면 2차 모멘트가 발생하는 등 실제는 더욱 복잡한 해석이 요구된다.

3.
한강철교

모래사장 위에 지어진 한강철교

한강에도 모래사장이 있었다고 한다면 믿을 수 있을까? 한강철교가 있는 강북 쪽 땅은 과거에는 넓은 모래사장이었다. 그림 3-1에서 한강철교 북쪽과 현재 노들섬 위치까지 백사장으로 표시

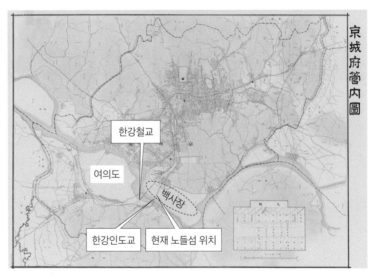

3-1. 과거 백사장 범위를 보여주는 경성의 지도

되어 있는 것을 볼 수 있다. 제1철교와 제2철교가 건설되었던 시기에는 한강철교가 있던 곳의 강폭이 현재보다 더 좁았고, 백사장 쪽은 흙으로 둑을 만든 다음 그 위에 철도를 놓았다. 과거 한강의 모습을 기록한 사진을 보면, 나룻배가 다니는 한강 위쪽으로 너른 백사장이 펼쳐져 있는 모습을 볼 수 있다. 당시 시민들은 한강 백사장에서 여가를 즐겼다.

3-2. 나룻배가 다니는 한강 풍경 한쪽에서 과거에 존재했던 백사장을 확인할 수 있다

한강철교는 현재 총 4개의 철교로 이루어져 있다. 그중 제1철교의 건설이 시작되려던 때는 일본이 청일전쟁에서 승리하고 인천으로 가는 경인철도 부설권을 얻으려 했던 시기이다. 하지만 삼국간섭과 아관파천으로 인해 일본은 경인철도 부설권에 서명받을 수 없게 된다. 이후 미국 공사 호러스 앨런Horace N. Allen의 주선으로 1896년 미국인 제임스 모스James. R. Morse가 경인철도 부설권을 따냈고 한강철교의 설계가 시작되었다. 이렇게 경인선의 설계가 미국인에 의해 미국 설계기준에 맞추어 진행되면서 당시 일본 기준의 너비가 좁은 협궤(폭 1,067mm)가 아닌 미국 기준의 표준궤(폭 1,435mm)가 우리나라에 사용되기 시작한 계기가 되었다. 이후 일본이 철도부설권을 가져가면서도 일본 재래선 기준인 협궤로 바꾸지 않은 것은 중국 철도의 표준궤와 연결하여 중국으로의 진출과 수탈을 위해서라는 해석이 유력하다. 협궤는 수송할 수 있는 능력을 나타내는 표준열차하중이 표준궤의 50~82%로 낮고 곡선 구간 주행 시 안정성과 승차감이 표준궤에 비해 떨어진다. 지금 우리가 사용하고 있는 표준궤 철도의 수송능력이 우리 사회에 기여하고 있는 바를 생각하면 그나마 다행스러운 일이다.

1900년 완공 당시 한강 제1철교의 부설권은 미국에서 일본으로 넘어갔고, 이 최초의 한강 다리로 인하여 용산 일대에 일본인들이 거주하면서 번화해진다. 또한 완공 후 4년 뒤 1904년 한일의

정서가 체결되고, 최근에 반환된 용산 미군 기지의 땅이 일본군영
지로 사용되는 계기가 되기도 했다. 우리가 기차를 타고 서울로 오
다가 한강을 건너서 용산역이 보이면 내릴 준비를 하는 것은 어쩌
면 이때부터 시작된 행동 양식인 것은 아닐까?

지금 보면 그냥 다리 중 하나일 뿐일지 모르지만, 경복궁이 재
건되고 30년밖에 안 되어 당시 거대 구조물에 익숙하지 않았던 사
람들의 눈으로 봤을 때 거대한 한강 제1철교는 마치 괴물처럼 보
였을 법도 하다. 제1철교 완공 후 경인철도 합작회사에서 "길이
3,000척의 긴 무지개가 하늘에 걸린 것 같다"라고 광고하였으니,
그 시대를 살아간 사람들에게 서구 기술에 대한 충격과 경탄의 양

3-3. 경복궁 재건 30년 후 한강 제1철교 건설 현장

3-4. 1910년경 제1철교와 제2철교의 모습

가감정이 몹시 컸을 것임을 미루어 짐작할 수 있다. 그야말로 시대가 변화하고 있다는 것을 실감했을 것이다.

　　제1철교는 단선으로, 철길이 하나만 있는 다리였다. 그런데 제1철교가 완공되고 5년 뒤인 1905년에는 경부철도가 부설되면서 기차 수송량이 급격히 증가하게 된다. 경인선과 경부선이 모두 제1철교를 이용해야 했기 때문에 시간차를 두고 나눠서 수송할 수밖에 없었다. 이에 새로운 한강 다리의 필요성이 대두되기 시작했다. 제2철교는 1912년 9월 공사가 마무리되었으며 이듬해인 1913년 다리가 더 큰 힘을 버틸 수 있도록 보강되었다. 현재 한강 상류 쪽 2개의 단선 철교가 당시 건설된 제1철교와 제2철교이다.

1925년 서울은 을축년 대홍수라는 엄청난 물난리를 겪었다. 당시 홍수는 숭례문(남대문) 앞까지 물이 차오를 정도로 그 피해가 어마어마했다. 이 홍수로 서울에 많은 변화가 생겼는데, 이때 송파구의 백제 풍납토성과 강동구의 암사유적지가 발견되었다. 을축년 대홍수로 인해 서울에서 가장 큰 지형적 변화가 있었던 곳은 지금의 잠실이다. 과거 잠실은 1520년 홍수 이후 잠실 북쪽으로 샛강이 생기면서 한강 중앙에 자리 잡은 섬이 되었다. 이 섬을 끼고 가장 큰 물줄기인 본류는 잠실도의 남쪽으로 흘렀는데 '송파강'이라고 하고, 작은 강줄기인 북쪽 지류는 '신천新川'이라고 불렸다. 1925년 을축년 대홍수로 인해 물길의 지형이 바뀌면서 북쪽 신천이 본류가 되었고 남쪽 송파강이 지류가 되었다. 1970년대 잠실

3-5. 을축년 대홍수로 일부가 유실된 한강철교

개발 과정에서 이 송파강을 메웠는데, 그중 일부가 현재 석촌호수로 남아 있다. 이러한 지명이 지하철의 역명에도 남아 있는데 서울 지하철 2호선 잠실새내역의 역이름은 과거 신천역이었으나 2016년 역명을 현재인 잠실새내역으로 변경했다. 참고로 '새내'는 '신천'의 순우리말이다.

이 을축년 대홍수 때 한강철교의 백사장 쪽 철길이 놓인 둑이 홍수에 쓸려 가는 피해를 보게 된다. 이를 복구하는 과정에서 한강철교의 교각을 1~2m 높이고, 백사장 쪽에도 교각을 세워 다리를 놓았다. 현재에도 제1철교와 제2철교는 이때 복구된 교각을 사용하고 있으며 이후 세월이 지나면서 안전을 위하여 교각 외부를 보강하였으나, 교각 내부는 그대로이다.

세 번째 한강철교는 4개의 철교 중 가장 하류 쪽(인천 방향)에 있는 철교이다. 이 철교는 일본으로부터 독립을 되찾는 1945년 한 해 전인 1944년에 완공되었다. 태평양전쟁 말기 전쟁물자 수송량이 급증하면서 한강철교의 추가 건설이 필요했다. 이에 따라 제3철교는 상·하행선을 모두 갖춘 복선 철교로 건설되었다. 그림 3-6에서 볼 수 있듯이 복선으로 지어진 제3철교는 단선이었던 제1철교와 제2철교와는 다른 모습을 보여준다.

만약 지금까지 한강철교의 사진들을 유심히 살펴본 독자라면 과거의 제1철교와 제2철교의 상부 구조가 현재의 모양새와 다르

3-6. 현재의 한강철교. 왼쪽부터 제3철교, 제4철교, 제1철교, 제2철교이다

3-7. 6·25전쟁 당시 북한군의 진격을 막기 위해 미군이 한강 다리에 폭격을 감행했다

다는 사실을 눈치챘을지도 모르겠다. 이는 6·25전쟁 때 한 번 파괴된 것을 전후에 다시 복구하였기 때문이다. 제3철교는 전쟁 전과 동일한 형태로 복구하였으나 제1철교와 제2철교는 1957년 복구하면서 철교의 형태가 변했다. 6·25전쟁이 시작되며 개전 3일 만인 6월 28일 아군이 북한군의 진격을 막기 위해 한강철교 3개의 다리를 모두 폭파하여 완전히 폐선된다. 폭파 이후에도 북한군이 한강의 다리들을 계속 복구하려 하자 미군이 항공 폭격으로 한강의 다리를 추가로 파괴했다. 이때 투하된 폭탄은 1990년대에 새로운 철교를 만들기 위하여 교각의 터파기 공사를 하였을 때 땅에서 불발탄으로 다수 발견되기도 했다. 2015년과 2016년에도 한강철교 수중에서 불발탄이 발견되기도 하였는데 포탄은 6·25전쟁 때 미군이 사용하던 항공탄으로 추정되었다.

1951년 서울을 수복한 후 제1철교와 제2철교는 미국 공병대에 의해 임시 복구된다. 6·25전쟁 이후 미국의 한국 원조 정책 중 하나인 국제협조처International Cooperation Administration, ICA 원조로 1955년부터 1961년까지 총 15억 3,660억 달러 규모 광공업 용품, 원자재, 교통시설 등을 지원받았다. 이는 원화로 2조 원에 달하는 금액이며 1950년대 한국의 경제 규모를 생각해 보면 6년 동안 2조 원은 정말 엄청난 규모의 원조액이었다. 그 기간 ICA 원조로 1957년 제3철교를 완전히 복구하면서 임시로 복구한 제1철교와 제2철교는 사용하지 않은 채 1969년까지 제3철교만 사용했다.

우리나라 경제가 발전하며 물동량이 증가하기 시작하고 경부 고속도로가 만들어질 때 기차의 운송량도 급격히 증가했다. 제1철 교와 제2철교는 임시 복구 후 사용하지 않았었는데 교량의 상부 구조를 완전히 다른 형상의 트러스로 교체하여 1969년에 개통했 다. 지금 우리가 한강에서 볼 수 있는 제1철교와 제2철교의 트러스 는 이때 복구된 것이다. 운송 증가에 따라 가장 나중에 건설된 네 번째 철교는 88 서울올림픽이 끝나고 햇수로 6년이 지난 1994년 에 개통되었다. 제4철교가 개통하던 해는 교통과 건설 분야에 큰 일들이 많았는데 철도와 지하철이 동시에 파업하였고 10월에 성 수대교가 붕괴하였으며 서울 5~8호선 추가 지하철 건설을 위한 서 울도시철도공사가 설립되는 해이기도 했다. 이를 보면 한강철교는 우리 사회의 격변기마다 변화를 같이 겪은 한강의 상징적인 다리 이다.

사육신역사공원과 한강철교

제1철교에서 제4철교까지, 한강철교의 구조를 한눈에 보기 위해서는 한강의 북단 쪽으로 가는 것보다는 남단 쪽으로 가는 것 이 좋다. 한강철교의 북쪽은 과거 모래사장이었기 때문에 다리가 트러스 구조가 아닌 강재 거더교로 되어 있다. 참고로 일반적인

'보'보다 길고 크게 제작한 보를 엔지니어들은 '거더'라고 부르고 있으며 이는 'Girder'라는 영어를 발음 그대로 국문으로 표기한 것이다. 또 다리의 기둥 역할을 하는 교각과 교각의 사이를 경간이라고 한다. 강재 거더교는 이 경간을 상대적으로 짧게 두고, 철로 만든 거더를 이어서 만든 다리 형식이다.

한강철교의 트러스 구조를 보기 위해 나는 강남 쪽 한강철교에 가장 가까운 9호선 노들역으로 향했다. 한강철교의 트러스를 잘 볼 수 있는 위치에 접근하기는 쉽지 않다. 그 이유는 한강 하류 방향에는 동작구 환경지원센터와 식품공장이 있고, 상류 방향에는 아파트단지가 한강철교 전망을 가리고 있기 때문이다. 9호선 노들역 1번 출구로 나오면 2개의 공원이 있는데 1번 출구에서 나오는 방향 쪽으로 쭉 가면 사육신역사공원이 있고, 1번 출구에서 나와서 뒤돌아 건널목을 건너가면 노들나루공원이 있다. 한강철교를 한눈에 높은 곳에서 내려보고 싶다면 사육신역사공원으로 가야 한다. 언덕 위에 조성이 되어 있는 이 공원은 한강철교를 조망할 수 있는 전망대가 마련되어 있다.

사육신역사공원은 조선시대의 비극적 사건을 기리는 장소이다. 이곳은 단종의 복위를 꾀하다 처형당한 여섯 충신을 위해 조성되었다. 이들은 성삼문, 박팽년, 이개, 유응부, 유성원, 하위지이다. 이들의 죽음은 수양대군이 어린 조카 단종으로부터 왕위를 빼앗은

3-8. 사육신역사공원의 우수조망명소에서 볼 수 있는 한강철교 전경

사건과 관련되어 있다. 이 이야기는 한재림 감독의 〈관상〉(2013)이라는 영화에서 재조명되었다. 특히 이정재 배우가 연기한 수양대군의 "내가 왕이 될 상인가?"라는 대사가 유명하다. 공원에 가보면 묘가 있고 앞에 제사를 지내는 사당이 있다. 이 사당에는 여섯 분이 아닌 일곱 분의 신주가 있는데 김문기의 가묘가 추가되었다고 설명되어 있다. 사당을 지나 더 언덕으로 올라가면 사육신역사관이 있고 이곳에서 사육신에 대한 자세한 설명을 볼 수 있다.

　　사육신역사관에서 나와 오른쪽으로 건물을 따라가면 넓은 마당 같은 공간이 나온다. 조금 더 가다 보면 우수조망명소가 있다. 이곳에서는 4개의 한강철교를 가까이서 한눈에 볼 수 있다. 하지만 아쉽게도 이 전망장소 앞에 아파트단지 조성을 위한 공사가 진행 중이다. 몇 년 후에는 이 멋진 한강철교의 트러스 조망이 새로 들어설 아파트에 가려질 수 있다. 그림 3-6에서 보면 오른쪽 2개의 철교가 제1철교와 제2철교이고, 가장 왼쪽 다리가 제3철교이다. 이 철교 상부 트러스의 모습은 1944년 광복 한 해 전에 만들어진 트러스 모습 그대로이다. 6·25전쟁 때 폭파된 제3철교의 모습과 비교하면 현재의 모습과 같은 것을 볼 수 있다.

　6·25전쟁 당시 서울 한강에는 한강철교, 한강대교, 광진교 3개의 다리만 있었기 때문에 북한군이 서울 도심에서 남쪽으로 남하하기 위해서는 한강철교와 한강대교가 매우 중요한 다리였다. 마찬가지로 대한민국 국군 또한 북한국의 남하를 저지하기 위해서 대규모 병력을 한 곳에서 막을 수 있는 중요한 요충지였다. 앞에서도 언급했듯이 한강철교를 한눈에 위에서 내려다볼 수 있는 곳이 이 언덕이었기 때문에 사육신역사공원의 우수조망명소는 6·25전쟁 때 전투가 치열했던 39고지이기도 하다. 나도 이곳에 와서, 한강방어선 전투의 최일선에서 싸웠던 호국영령들의 희생을 깊은 감사와 존경의 마음으로 기렸다.

　사육신역사공원에서 내려와 제1철교와 제2철교의 다리 밑으로 향했다. 과거 일제강점기 이 철교는 사진엽서의 사진으로 많이 이용되었다. 이러한 엽서의 사진은 다리 밑에서 위를 올려다보며

백사장

과거의 한강

트러스 상부구조

3-9. 트러스 상부 구조가 없는 영역의 범위를 통해 한강에 있었던 백사장의 규모와 과거 한강의 강폭을 대략적으로 가늠할 수 있다

찍은 경우가 많아 같은 위치를 찾아 이동했다. 다시 노들역으로 돌아와 건널목을 건너 노들나루공원을 대각선으로 질러서 가면 한강대교 입구의 사거리가 나온다. 이 한강대교 입구의 왼쪽으로 자전거와 사람들이 내려갈 수 있는 길이 있는데 내려가면 자전거 도로와 인도가 같이 있어 한강 변을 따라 걸을 수 있다.

제1철교와 제2철교가 만들어졌을 때의 한강은 여기에서 트러스 상부 구조가 있는 남쪽의 영역까지만이었다. 트러스 구조가 없는 일반적인 형태의 교각들이 더 촘촘히 늘어서 있는 북쪽은 과거 모래사장이었던 구역이다. 여기서 바라보면 과거 한강의 강폭이

3-10. 지금은 볼 수 없게 된 과거의 조적식 교각(왼쪽)과 보강된 현재의 교각(오른쪽)

어느 정도였는지 대략적으로 가늠할 수 있다.

　이렇게 10분 정도 걸어가면 한강철교 교각 밑에 도착하게 되고 아래에서 한강철교를 올려다볼 수 있다. 몇 년 전에만 해도 제1철교와 제2철교의 과거 화강암을 쌓은 조적식 교각을 직접 볼 수 있었으나 현재는 조적식 교각 외부 쪽에 보강을 해둔 상태라 현재는 조적식 교각을 볼 수 없다. 이곳에 서 있으면 지하철이 지나갈 때마다 철과 철이 일으키는 압도적인 효과음을 들을 수 있다.

　기차가 철교를 지날 때 기차의 이음매 충격음과 철교의 고유 진동수가 일치하게 되면 공명현상에 의해 철교가 붕괴할 수도 있다. 이전에 강변 테크노마트에서 헬스클럽 회원들이 집단 뜀뛰기를 하였고 그것이 원인이 되어 건물에 강한 진동이 발생한 적이 있다. 강변 테크노마트는 강구조 건물이기 때문에 철교와 마찬가지로 공명이 발생할 수 있다. 진동의 원인 조사에서 집단 뜀뛰기 충격의 주기가 구조물의 고유진동수와 같게 되어 공명현상이 발생함을 재현했다. 기차가 한강철교를 통과할 때 속도가 느려지는 것을 느낄 수 있다. 이는 한강철교의 유지관리 때문이기도 하지만, 기차의 속도에 따라 발생할 수 있는 공명현상을 방지하려는 조치이기도 하다. 만약 한강철교를 느끼고 싶다면 노량진역에서 1호선을 타고 용산역으로 건너가 보기 바란다. 급행을 탄다면 제1철교와 제2철교를 이용하여 한강을 건너볼 수 있다.

강철의 시대, 한강철교를 만든 철강 이야기

그 이름에서 알 수 있듯이, 한강철교를 만든 주재료는 철강이다. 철기시대는 흔히 청동기시대보다 발전된 시기로 여겨지지만, 초기 철기는 발전된 청동보다 재료의 연성이 낮아 부러지기 쉬웠기 때문에 청동이 더 우수한 재료였다. 그러나 철의 풍부한 매장량이 역사의 흐름을 바꾸어 놓았다. 청동기시대에 수천에서 수만 명에 불과하던 군대 규모가 철기의 등장으로 수만에서 수십만 명의 단위로 확대될 수 있었다. 흔히 역사서나 대중매체 등에서 그려지

3-11. 대량으로 강철을 생산할 수 있게 한 베서머 전로

는 '철기군' 또는 '철기병'에 대한 두려움은 장비 자체의 우수성보다는 압도적인 물량으로부터 비롯된 것이었다. 이는 재료 혁명의 핵심을 보여준다. 산업에 필요한 재료를 대량 생산할 수 있을 때, 청동기에서 철기시대로 변화하듯 사회는 급격한 변화를 겪게 된다.

근대적 제철소의 개념이 자리 잡기 이전에는 철은 대장간이나 소규모 공장에서 가공되었다. 이때에는 대량으로 철을 생산하거나 가공하기 어려웠으며, 이로 인하여 철은 보통 칼과 창 같은 전쟁 무기 또는 농기구들을 만들 때 사용되었고, 나리의 건설에는 사용할 수 없었다. 다리는 많은 양을 쉽게 구하고 가공할 수 있는 돌이나 나무 등을 이용하여 만들어졌다. 돌로 만들어진 다리는 다리의 기둥인 교각과 교각 사이 간격이 20m를 넘기 어려웠으므로 한강과 같이 폭이 매우 넓고 수위의 변화가 큰 강에는 만들기는 어려웠다. 1856년 '베서머Bessemer 전로'라는 근대적 전로가 영국 헨리 베서머에 의해 발명되면서 다리의 재료로 강철을 사용하기 시작했다.

베서머 전로를 이용한 철강 생산 과정은 다음과 같다. 먼저 그림 3-11과 같이 위가 열려 있는 달걀 모양의 철 용기에 내부를 점토로 단열시킨 베서머 전로를 제작한다. 고온에 녹은 쇳물을 전로 안에 담고 산소를 공급하여 불순물들을 산화시켜 제거하면 고순도 철강을 얻을 수 있다. 이러한 베서머 전로를 이용하면 20분 동안 5톤의 강철을 얻을 수 있다. 이는 베서머 전로 이전 2주 동안 30kg의 강철을 얻는 것과 비교하여 실로 어마어마한 생산량 증가였다.

이후 지멘스Siemens 형제와 마르탱Martin에 의해 추가로 평로Open hearth furnace 제강공정이 1863년 성공하면서 상업화되었다. 평로법의 핵심은 축열실과 폐열 회수법을 이용해 공기와 연료가스를 번갈아 주입하여 평로를 가열하면서 고온을 장시간 유지하는 것이다. 이 방법은 이전 사용되던 반사로가 발전된 형태였다. 이 제강공정에서 연료와 로를 완전히 분리하여 품질 관리에 유리하였고, 넓은 로의 바닥에서 선철과 고철을 함께 녹여 생산량도 많았다. 참고로 독일을 대표하는 유럽 최대 엔지니어링 회사인 지멘스는 지멘스 형제의 형인 베르너 지멘스가 창립한 회사이다.

전로법과 평로법은 각각 장단점을 가지고 있었다. 베서머의 전로는 공정 속도가 빨라 대량생산에 유리했으나 품질의 균일성이 떨어졌다. 반면 지멘스-마르탱의 평로는 공정이 전로보다 느렸으나 균일한 고품질의 철강을 만들어 낼 수 있었다. 결과적으로 전로법은 대량생산 체제에서, 평로법은 고품질 생산에서 각각 강점을 가졌다. 이 두 가지 방식은 상호 보완적으로 근대적 제철소의 양대 산맥을 구축했다.

한편 이 시기 미국에서는 철도회사가 미국 동부에서 서부로 가기 위해 반드시 건너야 하는 미시시피강에 철교를 건설하기로 하고, 앤드루 카네기Andrew Carnegie라는 인물이 이 프로젝트의 책임자로 임명된다. 그는 철교 건설에 당시 생산량이 증가한 강철의 사용을 구상하였고, 이를 대량으로 공급할 수 있는 곳을 물색하던 중 영국에서 베서머식 전로를 도입한 제철소를 발견하게 된다. 이후 카네기는 이 기술을 피츠버그로 가져와 '카네기 철강회사'라는 근대적 철강회사를 만든다. 이로 인하여 그는 미국의 철 공급을 독점하고 철강왕이라 불리게 된다. 2008년 《포브스》에 따르면 그의 전성기 자산이 2008년 기준 환산액으로 한화 400조 원 정도의 금액이었으니 카네기 철강회사가 얼마나 많은 철강을 공급하였는지 가

3-12. 미국 미시시피강에 놓인 이즈교

3-13. 영국 스코틀랜드 포스교

늠해 볼 수 있다. 미국의 독점법 이후 분할과 합병과정을 거치면서 회사의 이름이 변경되었지만, 현재는 피츠버그에 본사가 있는 'US Steel'이라는 회사로 남아 있다. 앤드루 카네기로 인해 피츠버그는 미국 철강산업의 주요 지역으로 인식되었으며 피츠버그 미식축구 팀 이름이 스틸러스인 것도 이와 연관되어 있다.

세계는 이렇게 얻어진 대량의 철을 바탕으로 1800년대 후반 철의 시대를 열게 된다. 폼페이 제철소에서 공급된 철을 이용해 1889년 파리만국박람회를 상징할 만한 기념물로 파리 에펠탑이 완공되었고, 미국에서는 대륙횡단철도에 필요한 대량의 철이 피츠버그 제철소에서 공급되었다. 마찬가지로 1874년 미국 미시시피강의 이즈교Eads Bridge와 1890년 영국 스코틀랜드 에든버러의 포스강의 포스교Forth Bridge가 각각 미국과 영국에서 처음으로 대량의 강철을 이용하여 다리가 만들어졌다. 1800년대 후반 대량의 철강이 함선, 철도, 건물, 교량 등에 사용되면서 사회에 많은 변화를 가져왔다. 특히 한강에 처음으로 철로 만들어진 다리, 제1철교가 1900년에 완공이 되었으니 한강철교 또한 이러한 변화들 가운데서 탄생했다고 볼 수 있다.

철강, 동북아시아의 역사를 바꾸다

1700년대 후반 발명된 증기기관이 이미 많은 발전을 이룬 상태에서 1800년대 중반 베서머 전로로 철강의 대량생산이 가능해지면서 세계는 처음 겪어보는 급격한 변화, 즉 산업혁명을 경험하게 된다. 철이 대량으로 생산되기 이전에 군함은 나무로 만들어진 목조 범선이었고, 1805년 나폴레옹과 영국 해군 사이에 벌어진 트라팔가르해전이 목조 범선시대의 마지막 해전이었다. 이후 등장한 군함은 폭약과 화염에 견딜 수 있는 철갑으로 외부 면을 보호한 철갑함이었다. 이러한 철갑함은 증기기관을 가지고 있음에도 경제적인 순항을 위해서 여전히 돛을 설치했다.

1906년 영국이 HMS^{His Majesty's Ship} 드레드노트를 진수하면서 드레드노트급 전함은 전함의 표준 모델이 되었다. 이 시기부터 함대의 선도함 이름을 따서 해당 설계의 전함들을 '급'으로 분류하는 관행이 시작되었다. 이 드레드노트의 특징은 세 가지로 요약될 수 있는데, 첫 번째로 일정한 구경의 주포를 사용하여 탄착점을 일정하게 하고, 두 번째로 사용하고 있는 주포를 방어할 수 있을 정도의 장갑으로 방어력 확보하며, 세 번째로 증기기관이 아닌 증기터빈을 이용하여 속도를 향상한 것이다. 드레드노트라는 명칭은 두

3-14. 1906년 전함의 표준 모델이 된 영국의 HMS 드레드노트호

려움이라는 영어 단어 Dread와 없다는 뜻의 nought가 합쳐진 것
이다. 즉, '이 전함은 두려운 것이 없다'라는 의미이다. 드레드노트
급 전함이라는 개념이 나오기 이전, 즉 철갑함과 드레드노트급 전
함 사이의 전함을 '전드레드노트급 전함Pre-dreadnought battleship'이라
한다.

동북아의 역사를 결정지은 청일전쟁과 러일전쟁은 철로 만들
어진 철갑함과 전드레드노트급 전함으로 해전이 벌어지게 된다.
1800년 중반까지만 해도 일본과 조선은 근대화를 위한 출발점에
서 서로 멀리 떨어져 있지 않았다. 이 얼마 되지 않는 차이를 급격
하게 벌리고 역사의 흐름을 바꾼 요소 중 하나가 바로 일본이 구성
한 전드레드노트급 전함을 중심으로 한 해군 전력이다. 이 시기의
역사적 전개는 우리 입장에서는 아픈 과거이기는 하나, 이 과정을
살펴보는 것은 우리나라의 미래에도 중요한 교훈이 될 것이다.

1868년 메이지 유신 이후 일본은 서구 열강을 막을 방법은
서구화라고 생각하여 빠르게 근대화를 추진하였으며 근대적 함대
를 구축하기 위하여 전함 건조와 해군 훈련에 막대한 자금을 투자
했다. 특히, 일본은 이를 위하여 프랑스와 영국의 도움을 받았다.
1865년 프랑스로부터 엔지니어를 영입하여 일본 최초로 근대식
해군 병기창을 설립하였고, 1867년에는 영국으로부터 해군 사절
단이 파견되어 일본 해군 체계 확립과 해군학교의 설립을 도왔다.

3-15. 청일전쟁의 황해해전 일본 연합함대 기함 마쓰시마

이렇게 청일전쟁 직전 일본은 국가 예산의 30%를 군비에 투입하며 근대적 해군 함대를 건설한다.

청일전쟁 직전 일본이 준비한 일본 연합함대의 전력은 순양함 8척과 철갑함 2척으로 구성된 총 10척의 군함이었다. 청일전쟁이 발발하면서 이 전쟁의 방향을 결정하게 되는 '황해해전'이 벌어진다. 청나라는 군벌 세력이 나누어져 있어 황해해전에서 연합함대를 구성하지 못하고 북양함대만이 참전하게 되는데 북양함대의 전력은 전드레드노트급 전함 2척, 순양함 10척 총 12척의 군함이었다. 이에 맞서는 일본 연합함대는 '마쓰시마松島'를 기함으로 내세웠으며, 전력으로서는 북양함대에 미치지 못했지만 총톤수는 우세했다. 6시간의 해전 끝에 북양함대는 일본 연합함대에 대패하여 군함 5척이 침몰하고 3척이 파손된다. 북양함대의 전드레드노트급 전함 중 1척은 일본 해군에 나포되어 이후 러일전쟁을 결정짓는 쓰시마해전에 참전하기도 했다.

청일전쟁이 일본의 승리로 끝나고 1895년 시모노세키조약을 통해 일본은 청나라로부터 막대한 배상금을 받는다. 일본은 이 배상금으로 다음 전쟁을 준비하는 66함대 계획을 세우게 되는데 이는 전드레드노트급 전함과 순양함을 추가하는 해군 강화 계획이었다. 이 배상금을 받기 이전 일본 해군력은 10척의 근대적 군함이었고, 이것이 당시 일본의 국력을 최대로 사용하여 만들 수 있는 최대 함대 규모였다. 하지만 청나라로부터 받은 막대한 배상금과 여기에 더해 영일동맹으로 영국의 도움을 받아 해군력을 2배로 늘릴 수 있었다.

만약 청일전쟁이 없었다면 일본은 러시아와 전쟁을 하지 않았을 것인데, 이걸 잘 보여주는 사건이 '오쓰' 사건이다. 청일전쟁 이전 러시아 황태자 니콜라이 2세가 시베리아횡단철도 기공식에 참석하기 위해 블라디보스토크로 가던 중 일본에 방문했다. 이때 일본은 황태자를 극진히 예우하며 환영하였지만, 경비를 담당하던 경찰관이 차고 있던 검으로 황태자에게 중상을 입히게 된다. 이 일로 일본의 주요 관료들이 사임하고 학교가 휴교하였으며 일본의 왕은 문병하기 위해 황태자를 기다리는 등 이후 러일전쟁을 일으

3-16. 러시아 황태자 사진(왼쪽 위)과 오쓰 사건을 묘사한 석판화

키는 일본과는 완전히 다른 태도를 보였었다.

　　1904년 러일전쟁이 시작되고 대부분 나라들은 러시아가 이길 것이라 예상했다. 당시 국력을 보았을 때도 일본이 이긴다는 것은 불가능해 보였다. 하지만 일본은 대한해협에서 러시아 발트 함대를 격파하면서 러일전쟁을 일본의 승리로 결정짓는다. 이때 러시아 발트 함대는 총 37척의 군함 중 19척이 격침되고 7척이 나포되었으니 괴멸에 가까운 피해였다. 이후 동북아시아 대부분의 이권을 일본에 양도하는 포츠머스조약을 맺게 되며 동북아시아의 패

3-17. 쓰시마해전을 위하여 러시아 발트 함대로 향하고 있는 일본 연합함대

권은 일본에 넘어간다. 이렇게 베서머 전로를 이용하여 인류가 대량의 철강을 생산할 수 있게 되는 1856년부터 1905년 러일전쟁이 끝날 때까지 50년의 세월 동안 동북아시아의 상황은 철로 만들어진 군함을 중심으로 급속하게 변화했다.

　　근대 이후 동아시아에서 발생한 전쟁은 핵심적인 한 번의 해전에서 승리로 전략적 우위를 점유하고, 이후 육군이 전쟁을 마무리 짓는 방식으로 전개된 경우가 많았다. 특히, 해전의 특징은 해군력을 만드는 데 막대한 비용과 시간이 들지만 한 번의 해전으로 군함을 모두 잃으면 복구가 거의 불가능해서 대규모 대함전에서는 수적 균형도 매우 중요하다는 것이다.

군사 연구에서, 현실주의적 입장에서는 국제사회가 사실상 '무정부상태'이며 개별국가들이 생존과 안전을 확보할 수 있는 수단은 '힘Power'이라고 보고 있다. 현실주의에 기반한 연구들은 힘의 균형이라는 개념을 이용하여 국제정치를 설명하고 있으며 '힘'이라는 추상적 개념을 수치로 구체화하기 위하여 군사력으로 분석하는 연구가 이루어져 왔다. 세력 간의 균형은 힘이 어느 한쪽으로 지나치게 치우치지 않은 상태이다. 이렇게 평형을 이룬 상태를 안정으로 보고 있으며 세력 간 군사력 수준의 차이가 어느 한계를 벗어나면 평형으로 이루어진 안정은 깨지고 전쟁이 발발할 가능성은 커진다.

김명수 박사의 논문 「동북아시아의 세력균형과 군사력 수준 변화 연구」에 따르면, 전쟁 발생 가능성을 크게 낮추기 위해서는 한 세력의 군사력이 상대 세력의 최소 36.5% 수준을 유지해야 한다고 한다. 우리나라의 경우, 북한을 제외한 주변국과의 군사적 분쟁은 해양에서 발생할 가능성이 높기 때문에, 전쟁 억제를 위해서는 주변국 해군력 총톤수에 대응하여 우리의 해군력도 증강할 필요가 있다. 관련 연구에 의하면 중국의 해군력은 현재 증강추세를 유지하여 2030년까지 해군의 총톤수를 현재의 2배 증가시킬 계획이다. 러시아도 해군력을 증강하기 위하여 과거 퇴역한 항공모함과 순양함, 잠수함을 개량하여 재취역시키는 등 해상 전력 증강

3-18. 헬기모함에서 항공모함으로 전환한 일본 이즈모급 모함

에 집중하고 있다. 일본도 마찬가지로, 해상자위대 이즈모급 헬기모함 2척을 F-35B 스텔스 전투기 탑재가 가능한 경항공모함으로 개조하였고, 구축함과 호위함 50척 이상 확보를 목표로 하고 있다. 이처럼 우리나라의 주변국들은 모두 동아시아에서 해군력의 중요성을 인지하고 있으며 힘의 평형을 위하여 주변국 해군력 수준에 대응하며 증강하고 있다.

우리나라 해군도 현재 상황을 인지하고 있으며 원자력 추진 잠수함과 항공모함 확보를 위한 논의를 진행하고 있다. 하지만 해군력을 증강시킨다는 것은 보이지 않는 미래의 결과를 위해 막대한 비용을 치러야 한다는 뜻이다. 여기에는 전 국민적 공감과 동의가 필요하며, 해군은 이를 인식하여 해군력 증강의 필요성을 홍보

3-19. 성산대교 북단 망원한강공원에 전시된 서울함의 모습

하기 위해 성산대교 북단 망원한강공원에 퇴역한 서울함을 비롯한 3척의 퇴역 군함과 잠수함을 전시하여 서울함공원을 조성해 두었다. 우리 시대의 해군, 군사력의 의미를 생각해 보고자 하는 사람이라면 한 번쯤 가봐도 좋겠고, 그게 아니더라도 다른 공원과 차별화된 이색적인 볼거리를 만끽할 수 있는 좋은 기회가 될 것이다.

한강철교의 트러스 구조

앞서 한강철교는 트러스 구조로 만들어졌다는 말을 했는데, 트러스 구조란 무엇일까? 사실 트러스 구조는 재료역학에서도 후반부에 나오는 내용이기 때문에 비전공자가 이를 쉽게 이해하는 것은 어려운 일이다. 여기에서는 최대한 간략하게 핵심적인 내용만을 설명함으로써 한강 제1철교의 초기 구조를 이해해 보도록 하겠다.

예를 들어, 우리가 통나무에 힘을 가하고 있을 때 손과 통나무 두 물체 사이에 작용과 반작용이 발생한다. 마찬가지로 통나무도 움직이지 않고 멈춰 있기 때문에 한 물체 안에서 일어나는 작용과 반작용으로 반대쪽에도 같은 크기의 힘이 작용하고 있다. 또한 땅과 통나무 사이에서도 두 물체 사이의 작용과 반작용으로 같은 크기의 힘이 서로 반대쪽으로 작용하고 있다. 우리가 여기서 손으로 통나무에 작용시키는 힘을 외부에서 작용시키는 힘이라 하여 '외력'이라고 하며 통나무 안에서 발생한 힘을 내부에서 작용하는 힘이라 하여 '내력 또는 '부재력'이라고 한다. 또한 지지가 되는 땅과 통나무 사이에 발생하는 힘을 '반력'이라고 한다.

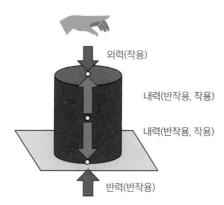

3-20. 외력, 내력, 반력이 작용하는 과정

통나무, 즉 부재 안에서 발생하는 힘인 내력(단면력 또는 부재력이라 불리기도 함)은 휨모멘트, 전단력, 비틀림모멘트, 축력으로 총 네 가지가 있다. 컴퓨터가 발전하면서 복잡한 구조물의 모든 내력을 계산할 수 있게 되었으나 1800년대 후반 컴퓨터가 없던 시절 엔지니어가 모두 손으로 계산해야 했기 때문에 이러한 내력들을 간략화할 필요가 있었다. 이러한 이유로 트러스 구조는 삼각형 형태의 구조에서 각각의 막대, 즉 부재가 끝단에서 자유롭게 돌 수 있는 힌지로 연결된 것이라 가정하고 해석하기 때문에, 트러스의 부재의 회전력을 나타내는 모멘트 관련 힘들은 없어지고 부재의 축방향 힘인 축력만 남게 된다. 따라서 복잡한 구조물에서도 계산이 매우 간단해지므로 철강의 대량생산이 시작된 초기 철교들은 대부분 트러스 구조로 만들어졌다.

트러스 구조에서 각 부재의 명칭을 잠깐 살펴보면 가장 위에

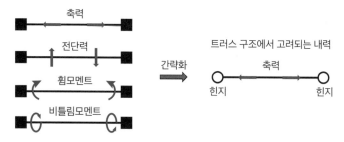

3-21. 부재의 내력 종류와 트러스 구조에서 고려되는 내력

연결된 부재들을 상현재, 아래쪽에 연결된 부재들을 하현재라 한다. 수직으로 놓여 있는 부재는 수직재, 대각선으로 놓여 있는 부재는 사재라 한다. 따라서 그림 3-22에서 트러스 구조는 상현재와 하현재가 각각 6개의 부재로 되어 있으며 수직재는 5개, 사재는 4개로 구성되어 있다. 트러스에서 삼각형 모양의 구조는 중요한데, 이는 삼각형이 외부 힘에서 축력의 부재력으로 전달하는 안정적인 기하학적 형태이기 때문이다.

우리가 과거의 엔지니어가 되어 제1철교를 해석해 본다면 그림 3-23을 참고할 수 있을 것이다. 위에 놓인 상현재는 모두 눌리는 힘인 압축력을 받고 있고 하현재는 모두 늘리려 하는 힘인 인장력을 받고 있다. 사실 기차의 위치가 어디에 있든 상현재는 항상 눌리는 압축, 하현재는 늘어나는 인장의 힘을 받는다. 그림에서 최대 압축력과 인장력을 보면 상현재는 하중 100%의 힘으로 압축을

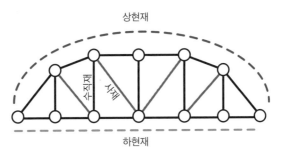

3-22. 트러스 구조의 각 부재의 명칭

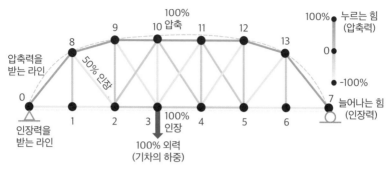

3-23. 제1철교에 가해지는 하중 재하 시 트러스 구조 해석

받고 있고 하현재는 같은 힘으로 인장을 받고 있다. 따라서 3번 지점에 하중이 있는 것을 고려 시 상현재와 하현재는 하중의 100% 힘을 버틸 수 있게 강재의 단면 크기를 정하면 될 것이다.

한강철교와 에펠탑은 같은 구조로 만들어졌다

트러스 구조라는 말이 공학 전공자가 아닌 사람들에게는 낯설 수도 있다. 그런데 사람들이 흔히 아는 유명한 건축물 중에도 트러스 구조로 만들어진 건축물이 있다. 바로 에펠탑이다. 에펠탑의 구조를 전부 계산하는 것은 여기에서 다룰 만한 내용이 아니기 때문에 그림 3-24와 같이 간략화한 에펠탑의 트러스 구조를 계산해 보자. 단위는 모두 무차원 단위를 사용했다. 왼쪽 그림과 피타고라스의 정리를 이용하여 오른쪽 그림의 L1~L5의 길이를 계산할 수 있는데, 구해보면 L1=6.08, L2=2.00, L3=1.41, L4=4.24, L5=4.47이다.

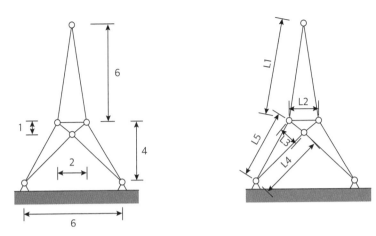

3-24. 간략하게 만들어진 에펠탑의 트러스 구조의 무차원 단위 길이(여기서, L1=6.08, L2=2.00, L3=1.41, L4=4.24, L5=4.47)

트러스 구조가 지지하고 있는 외력은 그림 3-25에서 보듯 중력 방향으로 무차원의 P1=1과 P2=2이다. 이로 인하여 형성되는 반력은 구조물이 대칭이기 때문에 대칭 기준선으로 같아지고 x 방향 반력 Rx=1.66, y 방향 반력 Ry=2.50이 형성된다. 트러스는 부재의 양쪽이 힌지이기 때문에 내력은 축력만이 형성되고 이를 L1~L5와 일치하게 표시해 보면 N1~N5까지 임의로 표시될 수 있다.

트러스를 해석하는 방법은 절점법과 단면법이 있는데 단면법은 지정된 부재를 빠르게 계산하는 방법으로 여기서는 전체 트러스 부재를 모두 계산할 수 있는 절점법을 이용해 보도록 하겠다. 절점법은 이름 그대로 각 절점에서 힘의 평형을 맞추어 트러스 부

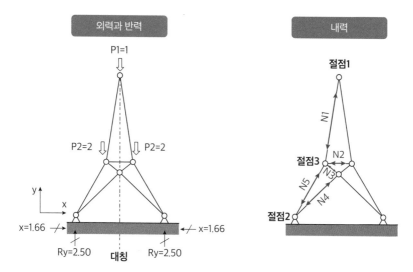

3-25. 트러스 타워의 외력과 반력 및 내력으로 형성되는 부재들의 축력과 계산을 위한 절점을 표시한 구조물

재의 축력을 계산하는 방식이다. 황소 두 마리가 서로 머리를 맞부딪치며 힘을 겨룬다고 생각해 보자. 만약 한쪽 황소의 힘이 더 크다면 두 힘이 맞닥뜨리고 있는 절점은 큰 힘이 작은 힘을 밀며 이동할 것이다. 하지만 두 황소의 힘이 같다면 절점은 이동하지 않고 멈춰 있게 된다. 만들고자 하는 트러스 구조는 외력을 버티고 절점들이 멈춰 있는 상황을 가정하기 때문에 트러스에서 각 절점은 힘의 합이 0인 평형상태를 이루고 있다고 할 수 있다. 이렇게 힘의 평형방정식을 만들어 각 트러스 부재들의 축력을 구하는 방식을 절점법이라 한다.

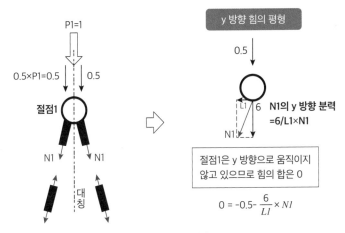

3-26. 절점 1에서 대칭을 이용한 y 방향 힘의 평형방정식 정리

먼저 절점 1을 들여다보면 절점 1을 기준으로 힘의 벡터는 그림 3-26과 같이 구성되어 있다. 구조물은 대칭이기 때문에 P1의 절반은 왼쪽 부재로 다른 절반은 오른쪽 부재로 동일하게 전달된다. 따라서 한쪽만 평형을 맞추면 되는데 왼쪽을 보았을 때 P1의 절반 0.5를 부재의 축력 N1이 지지하여야 하며 절점 1은 y 방향으로 움직이지 않고 멈춰 있는 상태를 가정하기 때문에 y 방향 외력과 부재 축력 N1의 y 방향 힘은 합했을 때 0이 되어야 한다. 따라서 y의 위쪽을 향하는 힘 벡터를 +, 아래쪽을 -로 설정하면 다음과 같은 식이 된다.

$$0 = -0.5 - \frac{6}{L1} \times N1 = -0.5 - \frac{6}{6.08} \times N1$$

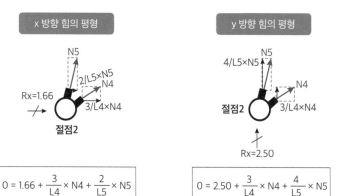

x 방향 힘의 평형

y 방향 힘의 평형

$$0 = 1.66 + \frac{3}{L4} \times N4 + \frac{2}{L5} \times N5$$

$$0 = 2.50 + \frac{3}{L4} \times N4 + \frac{4}{L5} \times N5$$

3-27. 절점 2에서 x와 y 방향 힘의 평형방정식 유도

이 방정식에서 N1을 계산하면 N1=-0.51이 되고 축력 N1의 기본 방향을 인장력으로 설정하였기 때문에 -0.51은 압축력 0.51을 의미한다. 따라서 N1=압축력 0.51로 축력을 형성하고 있다.

그림 3-27과 같이 절점 2에서 x 방향에 대한 힘의 평형방정식을 세워보면 x 방향 반력 Rx와 부재 축력 N4와 N5의 x 방향 분력의 합이 0으로 평형을 이루고 있다. 따라서 x의 오른쪽을 향하는 힘벡터를 +, 왼쪽을 -로 설정하면 다음과 같은 방정식을 만들 수 있다.

$$0 = 1.66 + \frac{3}{L4} \times N4 + \frac{2}{L5} \times N5$$

x 방향 힘의 평형	y 방향 힘의 평형
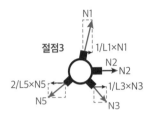	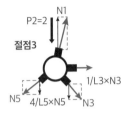

$$0 = \frac{1}{L1} \times N1 + N2 + \frac{1}{L3} \times N3 - \frac{2}{L5} \times N5$$ $$0 = -2 + \frac{6}{L1} \times N1 - \frac{1}{L3} \times N3 - \frac{4}{L5} \times N5$$

3-28. 절점 3에서 x와 y 방향 힘의 평형방정식 유도

이와 같은 방식으로 y 방향에 대한 힘의 평형방정식을 만들어 보면 이렇게 된다.

$$0 = 2.50 + \frac{3}{L4} \times N4 + \frac{4}{L5} \times N5$$

두 개의 방정식을 연립으로 풀게 되면 N4=-1.16과 N5=-1.88 이라는 결과를 얻게 되고 앞에서와 마찬가지로 마이너스가 나온 것은 압축력으로 해석하면 된다.

마지막 절점 3에서도 x와 y 방향에 대하여 각각 힘의 평형방 정식을 세우게 되면 그림 3-28과 같은 결과를 얻게 된다. 여기서, N1=-0.51, N4=-1.16, N5=-1.88은 이미 계산된 미지수이기 때문 에 이를 대입하여 주면 다음과 같은 2개의 방정식을 얻게 된다. 이

를 연립하여 풀면 N2와 N3를 구할 수 있고 N2=0.06, N3=-1.16 라는 축력을 얻게 된다. 따라서 구해진 축력을 정리해 보면, N1=-0.51, N2=0.06, N3=-1.16, N4=-1.16, N5=-1.88이고 N2 부재만 인장력을 받고 있고 다른 부재들은 모두 압축력을 받는 것을 확인할 수 있다. 이렇게 절점법을 이용하면 트러스 구조를 해석할 수 있다.

$$x \text{ 방향}: 0 = \frac{1}{6.08} \times (-0.51) + N2 + \frac{1}{1.41} \times N3 - \frac{2}{4.47} \times (-1.88)$$

$$y \text{ 방향}: 0 = -2 + \frac{6}{6.08} \times (-0.51) - \frac{1}{1.41} \times N3 - \frac{4}{4.47} \times (-1.88)$$

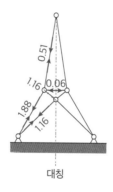

3-29. 각 부재의 축력 결과

4.

한강대교

한강은 언제 얼까

요즘은 얼음이 필요하면 마트에서 사거나 혹은 냉동고에 물을 얼려놓으면 그만이다. 그렇지만 옛날에는 어떻게 얼음을 구했을까? 인위적으로 얼음을 얼리는 기술이 없으니 얼음은 겨울철에만 구할 수 있었다. 하지만 얼음이 필요한 때는 겨울 말고도 1년 내내 있으니, 얼음을 녹지 않도록 보관해야 했다. 얼음을 보관하는 창고가 바로 빙고氷庫이다. 그리고 오늘날 사람들에게도 가장 잘 알려진 빙고가 바로 동빙고와 서빙고이다. 지금의 서울 용산구에 위치한 서빙고동과 동빙고동은 이 빙고가 위치해 있었기 때문에 그 이름이 그대로 남은 흔적이다. 그렇다면 왜 이 빙고는 용산에 있었을까? 바로 얼음을 구하는 곳이 한강이었기 때문이다. 그림 4-1은 한강에서 얼음을 캐는 모습이다. 조선시대에는 겨울이 되면 한강에서 얼음을 캐 빙고에 보관하다가 제사나 큰 행사 같은 때 사용했다.

그런데 한강은 언제 어는 걸까? 한강의 어디든 한 군데 살얼음이 끼면 얼었다고 할 수 있을까? 아니면 이 커다란 한강이 통째

4-1. 한강에서 얼음을 채취하는 사람들

로 꽁꽁 얼어붙어야 한강이 얼었다고 할까? 해마다 1월 즈음이면 한강이 얼었다고 뉴스가 나오는데 그렇다고 한강이 통째로 언 모습은 보지 못한 것 같다. 아리송해 보이지만 여기에도 사실 분명한 기준이 있다. 기상청의 「계절관측지침」에 따르면 "한강대교의 노량진 쪽 두 번째와 네 번째 교각 사이에서 상류 쪽으로 100m 부근의 남북 간 띠 모양의 범위"가 바로 그 기준이다. 이 결빙 관측장소가 얼어서 감시구역 전체가 덮여 수면을 볼 수 없을 때 한강은 공식적으로 '결빙' 판정을 받는다. 이 지점이 결빙 관측장소가 된 것 1906년부터의 일이다. 물론 이때는 한강대교가 아직 지어지지 않앉던 때이다. 그러나 한강대교가 위치한 노들나루는 조선시대부터 이미 한강 나루 중에서도 가장 중요한 교통의 요지 중 하나였다. 그러한 중요도나 접근성 등을 고려하여 처음에 관측장소로 정한 것이 지금까지 이어져 오고 있는 것이다. 통계를 작성함에 있어서 일정한 기준을 정하고 유지하는 것은 중요하기 때문에 관측장소를 바꾸지 않고 여태껏 유지하고 있다. 즉, 한강대교야말로 한강의 결빙 여부를 판단하는 시금석인 셈이다.

과거에는 어떻게 한강을 건넜을까

앞서 살펴본 대로 한강을 가로지르는 다리가 처음으로 놓인 것은 한강철교, 우리나라의 기술로 지은 다리는 양화대교이다. 그렇다면 그 이전에는 어떻게 한강을 건넜을까? 가장 생각하기 쉬운 것은 물론 배이다. 한강을 건너는 주된 교통수단 역시 나룻배였다. 지금도 서울 곳곳에 남아 있는 '나루'라는 말이 포함된 지명이 한강을 건너기 위한 나루터가 있었던 흔적이다. 그렇다면 한강을 건너기 위한 수단이 배밖에 없었을까? 조선시대 국왕은 선대 왕들의 능에 참배하거나 온천에 가는 등 나들이를 위하여 한강을 건너곤 했다. 그렇지만 비가 많이 와서 물이 불어나거나 풍랑이 거세거나 하는 등 날씨가 좋지 않을 때에는 강 위에서 배가 뒤집히는 사고가 발생하기도 하여 위험성이 있었다. 더욱이 나룻배로는 한 번에 많

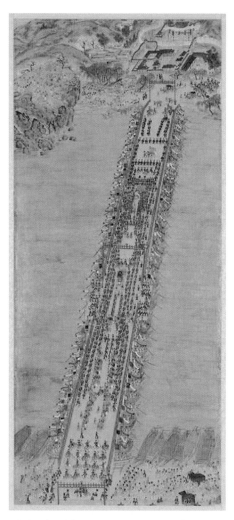

4-2. 정조가 현재 한강대교 위치에서 임시 다리로 한강을 건너는 장면을 그린 〈노량주교도섭도〉

은 인원이나 물자를 옮기기 어려웠다.

그림 4-2는 1795년 정조가 사도세자의 묘가 있는 수원의 융릉(현륭원) 참배와 화성 행궁에서의 어머니 혜경궁 홍씨 회갑연을 마친 후 임시 다리를 설치하여 건너는 장면을 그린 〈노량주교도섭도〉이다. '노량'이라는 이름을 보고 눈치챘을 수도 있겠다. 이 임시 다리를 만들었던 자리가 바로 옛날 노들나루가 있었던 곳으로, 지금의 한강대교가 있는 자리이다. 기록에 의하면 정조는 종종 융릉을 참배했는데, 한 번 행차할 때 동원되는 인원이 많으면 6,000명에 달했다고 한다. 그렇기에 이 대인원이 이동하기 위해서 임시로 한강에 다리를 놓았다. 이러한 임시 다리는 70여 척의 큰 배를 가로로 연결하고 그 위에 널빤지를 깔아 만들었다. 5~6필의 말이 나란히 지나갈 수 있을 정도로 넓었던 이 다리는 현대 공병대의 부교(물 위에 떠 있는 다리)와 유사한 형태였다. 이 다리를 설치하는 데에만 한 달, 또 철거하는 데에도 한 달이 걸릴 정도로 어마무시하게 큰 규모의 일이었다. 이 정도의 일이니 아마 정조의 행행行幸이 빈번함에 따라 이 부근의 물류와 산업 또한 촉진되는 효과 또한 있지 않았을까?

배다리 자체는 정조 시기 이전보다 훨씬 오래전부터 이용했던 기록이 남아 있다. 고려시대에 정종이 임진강에 배다리를 설치했다고 하기도 하고, 조선시대에도 연산군 또한 청계산에 사냥을 가기 위해서 무려 800척이나 되는 민선을 동원해 한강에 배다리를 놓았다는 기록도 있다. 그러나 흔히 '배다리' 하면 정조를 떠올리게 되는 이유는 간단하다. 정조가 그만큼 배다리에 '진심'인 왕이었기 때문이다. 어느 정도였나 하면 배다리를 놓는 일을 주로 관장하는 주교사舟橋司라고 하는 관청을 신설할 정도였다. 정조가 스스로 『주교지남』이라는 이름의 일종의 지침을 작성하기도 했으며, 주교사에서 제정한 『주교사절목』에는 배다리의 건조와 이용에 대한 상세한 조항이 남아 있다. 주교사는 고종 때 폐지되었지만 그 터가 지금의 노량진 부근에 남아 있어 흔적을 찾아볼 수 있다.

이처럼 역사적으로 한강이 다리를 필요로 했음에도 불구하고 계속 유지되는 다리를 설치해 놓지 않았던 이유는 간단하다. 한강은 강폭이 무척이나 넓고 홍수가 발생하면 강물이 갈수기 대비 300배 이상 불어났기 때문에 한강에 상시 유지되는 다리를 놓기 위해서는 고도의 기술이 필요했다. 그런 기술이 존재하지 않았던 근대 이전에는 필요할 때 배다리를 놓았다가 다시 해체하곤 하는 것이 최선이었다. 더욱이 한강은 세곡을 운반하는 중요한 통로이기도 했으니 항상 막아놓을 수도 없는 노릇이었다.

한강인도교, 제1한강교 그리고 한강대교

한강대교가 있는 위치는 서울 도심에서 영등포 쪽으로 건너기 위해 노들나루가 있던 자리이다. 한강대교가 건설될 당시에는 강북 쪽이 백사장이었으며 강폭이 좁고 한강의 하류 쪽에 속해 유속이 느렸다. 그 덕분에 유동 인구가 많은 서울의 관문 역할을 할 수 있었다. 처음 한강철교 부설 계획이 세워진 것은 삼국간섭과 아관파천 이후 일본의 영향력이 다소 줄어들었던 시기였다. 그 틈을 타 미국인인 제임스 모스가 경인선 건설과 함께 한강철교 부설권을 따냈다. 그 당시에는 한강철교에 사람들이 통행할 수 있는 보행로도 같이 만들 계획이었다. 하지만 공사 중 경인선 부설권이 일본에 넘어갔고 공사비를 축소한다는 명목하에 보행로 설치가 폐지되었다.

한강철교가 만들어질 때는 서울시민들의 교통수단은 대부분 도보였고, 화물은 철도와 지게로 운송되었다. 1912년 한반도에 민간 영업차가 처음 들어오기 시작하였고 이후 민간용 영업 차량이 늘어나면서 사람과 우마차를 위한 별도의 다리가 필요해졌다. 추가로 건설된 한강의 다리는 '한강인도교'로 불렸는데 한강 위는 트러스 구조로 짓고 백사장에는 짧은 경간의 거더교 형식의 다리로 연결했다. 2개의 다른 형태의 다리가 만나는 지점에는 둑을 쌓아 연결하였는데, 이 둑의 위치는 현재의 노들섬이다. 1917년 완공된 한강인도교는 한강철교에서 사용된 낡은 자재와 장비를 그대로 이용하여 다리의 폭이 좁았다.

4-3. 1917년 완공된 현재 한강대교 위치의 한강인도교

　　한강인도교는 한강철교와 마찬가지로 1925년 을축년 대홍수
에 의해 큰 피해를 입었다. 중간 둑이 크게 유실되었고, 특히 당시
'한강소교'로 불리던 강북 백사장 쪽 경간이 짧은 다리들이 피해를
보게 되었다. 이렇게 피해를 본 둑과 노들섬 북쪽 다리들은 경간이
길고 폭이 큰 다리로 변경하여 다시 짓게 되었다. 1929년 보수 공
사가 완료되었으며 이때 전차 궤도를 부설하여 한강인도교로 전차
가 다닐 수 있게 했다. 하지만 기존 트러스 구조의 다리는 여전히
폭이 좁았으며, 제2차 세계대전이 일어나기 전인 1934~1936년
일본이 늘어난 교통량을 원활히 소통시키기 위하여 현재 우리가
볼 수 있는 아치 형태로 확장된 한강인도교가 다시 지어지게 된다.

4-4. 트러스 구조에서 아치 구조로 다시 지어진 한강인도교

이때 처음으로 한국 교량 엔지니어가 감독관으로 공사에 참여했다고 한다.

　그 후 6·25전쟁으로 한강인도교는 한강철교와 같이 파괴되었다. 6·25전쟁 후 임시로 복구하여 사용하다가 제3철교가 완전히 복구된 다음 해인 1958년 미국의 ICA 원조로 이전과 같은 아치 구조로 완전히 복구되어 현재 상류 쪽 한강대교의 모습을 하게 되었다. 우민호 감독의 영화 〈남산의 부장들〉(2020)의 궁정동 술자리 장면에는 다음과 같은 대사가 등장한다. "한강 다리 중간쯤 건너는데 저기 헌병들 저지선이 보이는 겁니다. 각하를 따라서 지프에서 내려서 뚜벅뚜벅 한강 다리를 건너는데 쑤욱… 총알이 날아왔지."

4-5. 6·25전쟁 이후 복구된 한강대교(당시 한강인도교)

여기에서 말하는 한강 다리가 바로 한강대교이다. 한강대교가 복구되고 3년 뒤 일어나는 5·16군사정변 때 박정희 소장이 이 한강대교(당시 한강인도교)를 건넜다.

현재 우리가 한강에서 만나는 한강대교는 2개의 같은 다리가 나란히 있는 쌍둥이 다리인데 박정희 대통령 시기 1970년대 서울의 인구와 교통량이 급격히 증가하면서 1979년 기존 다리와 완전히 같은 구조로 만들기 시작했다. 하지만 일제강점기 용접 기술이 발전하지 못하였을 때 만들어진 다리는 부재들을 리벳으로 연결했으나 1980년대에 완공된 다리는 용접으로 강구조 부재들을 연결했다. 필자와 같은 대학교에서 재직하셨던 기계공학과 명예교수님

4-6. 한강대교 쌍둥이 다리 중 1930년대 일제강점기에 지어진 쪽은 리벳 연결로(왼쪽), 1980년대에 지어진 쪽은 용접 연결로(오른쪽) 부재가 연결되어 있다.

이 학생들에게 리벳 연결을 보여주고 싶은데 요즘은 대부분 용접을 이용하여 리벳을 찾을 수 없었다가 한강대교가 리벳 연결로 되어 있는 것을 알게 되어 이를 학생들에게 보여주셨다는 이야기를 들은 적이 있다. 지금도 한강대교에 간다면 보기 드문 1930년대 리벳 기술을 감상할 수 있다.

한강대교의 쌍둥이 다리가 만들어지기 이전에는 제2한강교(양화대교)가 만들어지면서 자연스럽게 한강대교를 '제1한강교'라고 일컬어 왔다. 그런데 쌍둥이 다리가 완성되던 해 88 서울올림픽 유치를 확정하면서 '한강종합개발사업'의 일환으로 한강 다리의 이름을 일제히 바꿨다. 그렇게 1984년 '제1한강교'가 '한강대교'로 이름이 바뀐다. 현재 한강대교는 1930년대와 1980년대의 토목 기술로 건설된 나이가 다른 쌍둥이 다리로 상류 쪽 다리가 1930년대, 하류 쪽 다리가 1980년대에 만들어져 현재의 모습을 하고 있다.

용양봉저정공원과 노들섬 답사기

한강대교를 조망하기에 가장 좋은 곳은 9호선 노들역을 통해서 갈 수 있다. 노들역 3번 출구로 나와 걸으면 노량진문화원과 노량진교회를 볼 수 있고 이를 지나쳐 더 걸으면 용양봉저정龍驤鳳貯亭이 자리하고 있다. 용이 달리고 봉이 날아드는 정자라는 뜻의 이름이다.

용양봉저정은 정조가 아버지 사도세자의 묘소인 현륭원(지금의 경기도 화성 융건릉)으로 가기 위해 한강을 건너서 점심을 먹으려고 쉬었던 노량행궁의 중심 정자이다. 용양봉저정의 모습을 〈노량주교도섭도〉에서도 확인할 수 있는데, 그림으로도 상당한 규모를 갖춘 행궁이었음을 알 수 있다. 참고로 화성 융건릉의 융릉에 가보면 풍수를 잘 모르는 사람도 명당인 것을 느낄 수 있을 정도로 그 분위기가 매우 밝으면서도 종묘와 같은 엄숙함이 동시에 존재하는 장소이다. 정조가 얼마나 신경 써 명당을 찾아 부친의 묘소를 이장하였는지 느낄 수 있다.

4-7. 정조가 사도세자 묘소에 가기 위해 한강을 배다리로 건너고 쉬던 행궁인 용양봉저정

　용양봉저정을 지나 골목길을 따라가면 한강철교가 내려다보이는 언덕길로 올라서게 되는데, 이곳에 서면 서울에 이런 곳이 있었나 하는 생각이 든다. 서울은 계속 변화하였지만 여기는 마치 시간이 멈춘 것 같다. 이곳에서 구립동작실버센터 방향 골목길을 따라가면 공원의 입구가 나오고 산책로를 따라가다 보면 울창한 숲이 나온다.

　계단을 올라 용양봉저정공원의 정상정망대에 가면 한강철교와 한강대교를 한눈에 내려다볼 수 있는데 6·25전쟁 종군사진가 임인식 중위의 사진과 비교해 보면 사진을 찍은 위치가 여기인 것으로 추측된다.

4-8. 용양봉저정공원의 정상전망대에서 조망한 한강대교

4-9. 6·25전쟁 당시의 한강대교(임인식 종군사진가 촬영)

공원에서 보이는 주차장을 따라서 내려가면 높은 조형물이 보이고 그 아래쪽으로 동작구에서 지원하는 청년 창업 건물과 여기 입주한 카페가 위치해 있다. 카페 안 풍경은 숲과 한강이 어우러져 청량감이 있어서 언덕을 오르느라 지친 몸을 힐링하기에 최적의 장소이다. 카페에서 주택가 쪽으로 나가서 보면 내려다보이는 전망은 마치 1980년대 만화 〈달려라 하니〉의 한 장면을 떠올리게 한다. 또한 산책로 쪽으로 나가면 노들섬과 용산을 배경으로 하는 숲을 한눈에 볼 수 있다.

카페를 나와 산책로를 따라 내려가면 '동작실버센터입구'라는 버스 정류장으로 내려오게 된다. 한강대교 앞 사거리에서 한강대교 쪽으로 길을 건너 한강대교를 550m(약 9분) 정도 걸어서 노들섬으로 건너갈 수 있다. 내가 어렸을 때 아이들이 고무줄 놀이를 하며 〈전우야 잘 자라〉라는 제목의 군가를 부르던 기억이 있다. 이 노래의 3절의 가사가 "한강수야 잘 있구나 우리는 돌아왔다…(중략)…노들강변 언덕 위에 잠들은 전우야"이다. 노들강변은 6·25전쟁 때 적의 도하를 막기 위해 전투가 치열하였던 지역이었다. 그러나 현재의 노들섬은 그런 흔적을 찾아볼 수 없을 정도로 깔끔하게 새단장 되어 있다. 무대, 음식점과 카페로 조성된 복합문화공간으로 거듭나 시민들이 찾는 명소가 되었으며, 서울시에서 진행하는 공공분야 디자인 혁신 시범 사업 대상지로 선정되어 또 새로운 단

4-10. 노들섬에 있는 달을 형상화한 조형물 '달빛노들'

4-11. 노들섬에 펼쳐진 넓은 야외 공원

4-12. 오래된 한강대교의 조적식 구조를 직접 만져볼 수 있다

장을 준비하고 있기도 하다. 뒤쪽 무대(노들마당)를 지나가면 넓은 야외 정원에서 돗자리를 깔고 쉴 수 있는 곳이 있다. 야외 정원 앞으로 한강철교와 그 위를 지나가는 열차를 바라보며 한가로운 여운을 느낄 수 있는 곳이다.

노들섬에서 한강대교 방향 쪽으로 걸어가면 '달빛노들'이라는 조형물이 보인다. 한강 위 인공 달은 서울의 건조한 도시 풍경에 새로운 감흥과 낯선 유희의 풍경을 만들기 위한 것이라고 설명되어 있다. 올림픽대로를 차로 다니다가 이를 보고 이 둥근 모양의 조형물이 무엇인지 궁금했었는데, 이런 궁금증을 가진 것은 비단 나뿐만은 아닐 것이다. 달빛노들을 지나 같은 방향으로 계속 가면 한강대교 밑으로 지나갈 수 있다. 이곳에서 일제강점기 만들어진 조적식 교대를 직접 만져보며 한강대교 답사를 마무리했다.

한강대교의 아치 구조

한강대교를 바라본다면 전공자가 아니더라도 아치가 길게 이어져 있는 구조임을 알 수 있다. 한강대교는 한강의 다리 중에서도 대표적인 아치교이다. 고전적 아치는 상부의 하중을 지지하기 위해서 돌이나 벽돌 등을 곡선 형태로 쌓아 올린 구조를 말한다. 고전적 아치와 다르게 한강대교의 아치 구조는 하중이 아치 아래에서 작용하고 수직재가 이를 잇고 있다. 아치는 곡선 형태로 하중을 효과적으로 분산시킨다. 이 아치 구조는 수직재에 의해 아래로 당겨지며, 이로 인해 수직재에는 늘어나려는 힘인 인장력이 발생한다. 차량의 하중이 다리를 지날 때, 이 힘은 먼저 수직재의 인장력으로 받아들여진다. 그 후 이 힘은 아치 구조로 전달되어 압축력으로 변환된다. 아치의 곡선 형태는 이 압축력을 아치의 양 끝단으로 고르게 분산시키는 역할을 한다. 이 힘의 전달 체계가 바로 아치 다리의 안정성을 확보하는 핵심 메커니즘이다.

아치 구조 자체는 오래전부터 활용되어 온 구조이다. 가령 로마제국의 아치교는 고대 기술의 정수를 보여주는 구조물로 놀라울 정도로 견고하게 지어져서 수천 년이 지난 오늘날까지도 그 우

4-13. 한강대교의 아치 구조에서 발생하는 힘의 작용

수성을 입증하고 있다. 로마제국은 도로망 확장 과정에서 수많은 아치교를 건설했다. 로마 아치 구조는 과거 조적식 구조를 만들 때 눌리는 힘(압축)만 벽돌들에 발생하도록 고안한 구조이다. 아치 구조의 뛰어난 하중 분산 능력으로 인해 오랜 세월이 지나도 그 견고함을 유지할 수 있었다. 로마 시내의 몇몇 석조 아치교는 현대의 간단한 보강 작업만으로도 여전히 사용이 가능할 정도로 튼튼하게 지어졌다.

로마의 아치 수도교水道橋는 도시의 용수 공급 문제를 해결하기 위한 혁신적인 구조물이었다. 로마인들은 멀리 있는 수원지에서 도시까지 물을 공급하기 위해 수도교를 만들었고, 이를 통해 도시의 다양한 물 수요를 해결할 수 있었다. 기원전 80년에 지어진 세고비아의 아치 수로교는 당시로서는 상상하기 힘든 아치 기술이 적용되었다. 그 정교함과 웅장함으로 인해 당시 사람들이 만들지 않은 것이라 하여 '악마의 다리'라고 불리기도 했다.

로마의 구조물들에서 벽돌에 적용된 아치 구조는 일반적으로 아치를 형성하고 있는 벽돌 위에 바로 하중이 작용하는 상로 아치 구조로 되어 있으나 앞에서 본 것과 같이 한강대교는 아치가 차량 하중 위에 아치와 상판을 연결하는 수직재가 하중을 연결해 주는 중간 역할을 하는 하로 아치 구조로 되어 있다. 하지만 앞의 그림들에서 보듯 아치의 입장에서는 고대 벽돌의 아치나 한강대교의

4-14. 벽돌에 압축만이 발생하도록 유도하는 아치 구조(세고비아 아치 수도교)

아치나 모두 같은 방향 벡터의 하중을 받고 있어 눌리는 힘인 압축력만을 형성하게 되는 원리는 같다.

우리나라에도 고대에 이미 아치 구조를 활용한 다리가 있었다. 대표적인 사례가 바로 경주 불국사의 계단을 지지하는 백운교이다. 계단을 지지함에도 다리라고 부르는 이유는 불교적 관점에서 부처님의 세계로 건너가는 것을 상징하기 때문이다. 백운교의 특별한 점은 지진에 견딜 수 있는 내진 구조를 갖춘 아치라는 점이다. 백운교의 아치는 이중구조로 되어 있으며, 위쪽 아치의 정상부 돌keystone은 일반적인 아치와는 다르게 역사다리꼴 형태로 끼워져 있다. 이런 독특한 구조는 오랫동안 주목받지 못하다가 수학여

역사다리 정상부 돌

이중 아치 구조

4-15. 지진에 견딜 수 있는 불국사 백운교의 이중 아치 구조

행을 온 한 초등학생의 질문이 계기가 되어 그 가치가 발견되었다. 이 구조는 세계적으로도 보고된 적이 없는 이중 아치의 내진 구조였다. 아래쪽 아치는 중력 방향의 힘을 지지하고, 위쪽 아치는 상승하려는 힘을 제어하여 지진이 발생했을 때도 서로 흐트러지지 않도록 상호보완적 역할을 한다. 2017년 포항지진으로 수능이 연기된 것처럼 경주지역은 우리나라에서 지반이 가장 불안정한 곳이다. 이러한 지리적 특성에도 불구하고 백운교가 오랜 시간 동안 보존될 수 있었던 것은 이중 아치 구조(쌍홍예) 덕분이었을 것이다.

불국사는 백운교뿐만 아니라 전체 구조물들이 내진 구조로 지어졌다. 대웅전 남회랑의 석축과 석가탑의 기단부에는 우리나라의 전통 내진 기법인 '그렝이법'이 적용되어 있다. 그렝이법은 독특한

그렝이법

4-16. 우리나라 전통 내진 기법인 그렝이법이 적용된 불국사 석축

방식으로 기둥과 주춧돌을 결합한다. 주춧돌 표면은 자연 그대로
의 울퉁불퉁한 상태를 유지하고, 대신 나무 기둥의 아랫부분을 깎
아 이 불규칙한 표면에 정확히 들어맞도록 한다. 이런 방식으로 기
둥을 깎아 맞추는 과정을 '그렝이질'이라고 부른다. 완성된 구조물은
건물 전체의 무게로 인해 기둥과 주춧돌이 더욱 단단히 밀착된다.

이러한 전통 기법은 지진에 대한 놀라운 내구성을 보여주는
데, 지신이 발생하더라도 기둥이 주춧돌에서 이탈하지 않고 석재
사이의 틈새는 지진에너지를 열에너지와 소리에너지로 분산시켜
건물의 손상을 막아준다. 이처럼 불국사는 아름다운 외관 속에 놀
라운 내진 기술을 품고 있어, 이러한 사실을 알고 방문한다면 아름
다운 불국사가 더욱 새롭게 보일 것이다.

어떻게 물속에 다리를 놓았을까

한강의 다리들을 보면 '물속에 어떻게 교각을 만들었을까?' 하는 궁금증이 생긴다. 한강대교의 물속 교각은 '오픈케이슨'이라는 방법을 이용하여 만들어졌다. 공사를 진행하는 기술이나 방법을 '공법'이라 하기에 이를 일반적으로 엔지니어들은 '오픈케이슨공법'이라 부르고 있다. 자세한 내용을 설명하려면 복잡하고 전문적인 내용이 포함되어야 하므로 주요 궁금증을 해소할 수 있도록 핵심적인 부분만을 간단히 설명하고자 한다.

내가 사는 서울 양천구에는 양천공원이라는 공원이 있다. 요즘은 위생 문제 때문인지 어린이 공원에도 우레탄 놀이터가 많아지면서 모래 놀이터가 흔치 않은데, 양천공원에는 그 모래 놀이터가 있다. 우리 아이가 그곳을 좋아하여 주말에 모래 놀이터를 종종 찾는데, 이곳에서는 아이들의 어마어마한 공사 현장이 펼쳐지곤 한다. 어떤 아이는 대운하를 파고 있고 어떤 아이는 간척사업을 하고 있으며 어떤 아이는 댐을 만들고 있다. 우리도 아이가 된 기분으로 그 모래판에 한강대교의 교각을 만들어 보자.

먼저 위와 아래가 모두 뚫려 있는 원통형 플라스틱 통을 준비한다. 그다음 그 플라스틱 통을 모랫바닥 위에 힘을 주어 누르면 일부 플라스틱 통이 모랫바닥으로 들어간다. 그러면 들어간 만큼 플라스틱 통 안쪽 모래들을 모두 파낸다. 모두 모래를 파내었다면

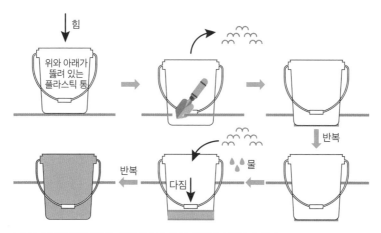

4-17. 놀이터의 모래 장난을 통해서 오픈케이슨 공법을 설명할 수 있다

4-18. 한강대교 추가 다리의 교각 공사 당시, 좌측에 오픈케이슨이 설치되어 있는 것을 관찰할 수 있다

다시 힘을 더 주어 플라스틱 통을 더 깊게 모래 속으로 넣는다. 그 후 마찬가지로 플라스틱 통 안 모래들을 모두 파낸다. 이것을 딱딱한 땅이 나올 때까지 반복한다.

딱딱한 땅이 나왔다면 아까 파내었던 일부 모래와 물을 약간 섞어 플라스틱 통 안쪽으로 넣고 주먹으로 다진다. 다시 모래와 물을 모래가 응집될 수 있을 정도만 섞어 플라스틱 통 안쪽에 채우고 주먹으로 다진다. 이를 반복하여 플라스틱 통 가장 위쪽까지 채웠다면, 이게 바로 오픈케이슨 공법이다.

실제 한강대교 공사에서는 플라스틱 통 대신 콘크리트로 제작된 '케이슨'이라는 구조체를 만들어 한강 바닥에 가라앉히고 배수 후 딱딱한 땅이 나올 때까지 무른 땅들을 모두 파낸다. 그 후 모래놀이에서 물과 모래를 혼합하여 넣는 대신 콘크리트를 넣어 물속 교각을 완성한다. 그림 4-18에서 추가 한강대교를 건설할 때 오픈케이슨이 한강 물속에 설치되어 있는 모습을 볼 수 있다.

5.
반포대교

잠수교와 반포대교

반포대교는 우리나라에서 처음으로 선보인 2층 구조의 교량이다. 이 독특한 설계는 상층부인 반포대교와 하층부인 잠수교를 하나의 구조물로 통합했다. 반포대교는 강남지구 개발 계획의 중요한 부분이었다. 경부고속도로를 도심과 직접 연결하는 한남대교는 이미 포화상태였고 바로 옆에 만들어진 반포대교가 상당한 교통량을 흡수했다.

5-1. 처음에는 '안보교'라고 불렸던 반포대교 하층부 잠수교

반포대교의 하층부인 잠수교는 1976년에 완공되어, 상층부인 반포대교(1982년 완공)보다 6년 앞서 건설되었다. 처음 만들어졌을 당시에는 잠수교가 아닌 '안보교'로 불렸다. 이는 본래 군사 목적으로 지어졌기 때문이다. 6·25전쟁 이후 용산에 주둔하는 미군 부대들이 전시에 한강대교를 대신해 건너갈 수 있는, 차량이 빠르게 지나갈 수 있는 낮은 다리를 계획해 지은 것이다. 잠수교가 만들어진 또 다른 이유는 서울 종로구와 중구에 흩어져 있던 각 회사의 버스터미널들이 현재의 반포 서울고속버스터미널로 통합 이전되면서, 한강 이북 주민들의 터미널 접근성 개선을 위해 한강대교와 한남대교 외 추가적 다리가 필요해졌기 때문이다. 이에 따라 잠수교가 건설되었고, 시내 진입을 원활히 하기 위해 남산3호터널도 함께 만들어졌다. 그러나 서울고속버스터미널 이용객이 증가하면서 잠수교만으로는 늘어나는 교통량을 감당하기 어려워져, 그 상부에 왕복 6차선의 반포대교를 추가로 건설하게 되었다. 이는 군사적으로도 이점이 있었는데, 군 당국은 이중 구조의 다리가 항공 정찰로부터 차량 이동을 은폐하도록 도움이 될 것으로 기대했다.

초기 잠수교 설계에서 특징적인 부분은 홍수 시 물에 잠기도록 고안되었다는 점이다. 또한 평상시에는 선박의 통행을 위해 잠수교의 한 구간을 들어 올릴 수 있도록 설계되었다. 그러나 1986년 한강종합개발계획의 일환으로, 선박 운항을 가능하게 하면서도

5-2. 잠수교의 중간 부분은 선박 운항이 가능하도록 솟아오른 형태로 되어 있다

차량의 통행을 방해하지 않을 것이 요구되었다. 이에 일부 경간의 바닥판이 둥글게 솟아오르도록 변경되어 현재 우리가 보는 형태로 완성되었다. 또한 오늘날 잠수교는 또 한 차례의 변화를 맞이하는 중이기도 하다. 잠수교에서 세계적 패션 회사의 패션쇼 행사나 축제 행사가 개최되는 등 문화공간으로서 재조명되고 있는 것이다. 서울시에서는 잠수교를 문화공간으로 조성하기 위해 전면 보행 다리로의 변화를 계획하고 있다.

  잠수교 완공 후 6년이 지나 건설된 반포대교 상부층은 강박스 거더교Steel box girder bridge로 만들어졌다. 이는 일반적인 I형 단면이 아닌 박스형 단면을 사용한 것이 특징이며, 잠수교에서 반포대교 하부를 올려다보면 이러한 강박스 거더를 관찰할 수 있다. 강박스 거더는 곡선 모양의 다리에서 발생하는 비틀림모멘트에 대한 저항력이 우수해 곡선형 교차로 다리에 주로 사용되는 거더 형식이다. 그러나 반포대교는 직선 교량임에도 강박스 거더 공법을 채택했는데, 이는 하부 잠수교의 교통 흐름을 유지하면서 공사를 진행해야 하는 특수한 상황 때문이었다. 당시 잠수교는 이미 서울의 주요 교통로로 기능하고 있었기에, 공사 중 교통 통제를 최소화하는 것이 중요했다. 강박스 거더는 공장에서 대형 블록으로 제작한 후 현장으로 운반해 크레인으로 신속하게 설치할 수 있어, 잠수교의 정상적인 운영을 보장하면서도 상부 다리의 건설을 진행할 수 있었다.

현재 반포대교는 밤에 진행되는 달빛 무지개 분수로 유명한데 수중펌프로 한강의 물을 이용해 1.2km의 다리에서 뿜어져 나오는 분수를 감상할 수 있다. 이는 세계에서 가장 긴 교량 분수로 기네스북에 등재되어 있다. 참고로 이 달빛 무지개 분수는 4월~10월까지 운영이 되며 11월~3월은 가동되지 않는다.

반포한강공원 답사기

내가 반포대교를 감상하기 위해 찾은 곳은 9호선 고속터미널역이다. G2 출구에는 고속터미널역 지하상가에서 반포한강공원까지 이어지는 360m 길이의 지하 통로가 공공보행통로로 개방되어 있었다. 이 통로를 만든 건설사는 'IDEA 디자인 어워드 2024'에서 환경 부문 수상의 영예를 안았다. 이를 통해 지상으로 나가지 않고 곧바로 반포한강공원에 도달할 수 있다. 통로의 끝자락에 이르면 하얀 타일로 마감된 구간이 나오는데, 여기서 아래쪽으로 향하는 계단을 통해 한강공원으로 진입할 수 있다. 만약 차량을 이용한다면 한강공원 주차 사이트에서 반포한강공원의 주차장 상황을 미리 확인할 수 있다.

5-3. 지하 통로를 나오면 바로 박스 거더 형태의 상층부 반포대교와 하층부 잠수교를 함께 감상할 수 있다

계단을 내려와 잠시 걸으면 장대한 반포대교와 잠수교의 모습이 눈앞에 펼쳐진다. 반포한강공원에서 가장 하류 쪽에 있는 수상 시설은 보트 등 수상레저기구의 면허 시험을 볼 수 있는 조종면허 시험장으로 활용되고 있다. 그 외에 음식점이나 결혼식장 등 다양한 용도의 공간이 자리하고 있다. 여기서 조금 상류 쪽으로 걸어오면 방문객들의 편의를 위해 동작역에서 반포한강공원까지 무료로 운행되는 한강 해치카 셔틀 정류장이 있다. 세빛섬으로 향하는 길목에는 '튜브스터'라는 독특한 공간이 있어, 배 위에서 식사를 즐기는 특별한 경험을 할 수 있다.

5-4. 배 위에서 식사를 할 수 있는 튜브스터

반포한강공원의 핵심 명소인 세빛섬은 공연장을 제외하고 가빛, 채빛, 솔빛이라는 3개의 섬으로 구성되어 있다. 가빛섬은 3층 구조로, 1층에는 이탈리안 레스토랑과 카페가 자리하고 있으며, 2층은 컨벤션 공간으로, 3층은 고급 레스토랑으로 운영되고 있다. 채빛섬은 3층 구조로, 1층은 다양한 전시와 복합 문화 공간으로 활용되고 있으며, 2층에서는 뷔페를 즐길 수 있다. 솔빛섬은 2층 구조로, 1층에는 다이닝바가, 2층에는 시푸드바가 운영되고 있다. 한강의 아름다운 풍경을 감상하며 식사를 즐기고 싶다면, 반포한강공원의 세빛섬이 좋은 장소가 될 것이다. 특히 저녁 시간에는 채빛섬 1층에서 반포대교 방향으로 맥주를 판매하는 곳이 있어, 한강의 야경을 배경으로 시원한 맥주를 즐기며 여유로운 시간을 보낼 수 있다.

반포한강공원을 더욱 편리하게 방문하고 싶다면, 반포대교 바로 아래에 있는 740번 버스 정류장을 이용하는 것이 좋다. 740번 버스 노선 근처에 있다면, 고속터미널역에서 걸어가는 것보다 이 버스를 이용하는 것이 훨씬 수월할 것이다. 잠수교에 서면 독특한 경험을 할 수 있다. 머리 위로는 반포대교가, 아래로는 잠수교가 만드는 폐쇄적인 공간이 탁 트인 한강의 전경과 대비되어 마치 안전한 피난처에 들어온 듯한 묘한 안정감을 준다. 낮 시간대에 반포한강공원을 찾는다면, 정오에 시작되는 반포대교의 분수 쇼를 놓치

5-5. 3개의 섬으로 이루어진 세빛섬. 1시 위치부터 시계방향으로 각각 가빛섬, 솔빛섬, 채빛섬
이다

5-6. 반포대교의 분수 쇼가 더운 낮 시간대 시민들의 더위를 식혀준다

지 말자. 특히 날씨가 무더울 때는 시원한 물줄기가 더위를 식혀준다. 나 또한 반포대교의 분수 쇼를 감상하며 이번 답사의 여정을 마무리했다. 반포한강공원은 도심 속에서 한강과 웅장한 구조물이 조화롭게 어우러진 서울의 명소로, 방문객들에게 잊지 못할 경험을 선사한다.

국민 평형의 시작 반포주공아파트

'반포'라는 지역은 서울 아파트의 대표적 모습들을 완성한 지역이며 강남개발을 성공적으로 이끈 시작점이기도 하기에 서울의 역사에서 중요한 의미를 가진다. 1970년대 아파트들은 주방 공간이 식당과 문으로 분리된 전통 가옥 같은 구조를 많이 사용했다. 하지만 반포주공아파트에 와서는 식당과 주방이 하나로 연결되는 DK Dining, Kitchen형 평면이 시도되고, 이후로는 거실이 통합되는 LDK Living, Dining, Kitchen 전면 판상형 구조가 서울 아파트의 주요 구조로 자리 잡게 되었다.

지금은 재건축이 진행되어 볼 수 없게 된 반포주공1단지 아파트는 1971년 공사를 시작해서 1974년 완공되었다. 3,786세대의 아파트단지를 만드는 것은 우리나라 최초의 시도였으며 규모가 워낙 크다 보니 공사도 3단계로 나누어 진행되었다. 반포주공아파트단지 건설 초기 이 아파트는 남서울아파트로 불렸으며 기본적인

5-7. 중앙난방 방식을 이용한 반포주공아파트 단지 내에 굴뚝이 보인다

5-8. 반포주공아파트 공사 현장

평형은 23평형, 32평형 A, 32평형 B, 42평형이었다. 여기서 32평형 B는 두 세대를 합친 형태로 실제로는 두 층을 합친 63평형이었다. 이렇게 복층으로 만들기로 한 세대는 480세대로 단지에서 상당히 큰 부분을 차지하고 있었다.

남서울아파트의 1차 분양 광고가 신문에 실리고 얼마 되지 않아 《동아일보》에는 남서울아파트를 예로 들면서 아파트의 고급화 경향은 주택난 해소라는 정책 방향과 크게 동떨어진 것으로 사치 풍조를 조장하는 것이라는 취지의 기사가 실렸다. 특히 당시 분양가가 높아 이미 집이 있는 사람들만이 분양받을 정도로 비싸다는 의견이었다. 1차 분양 광고에 공지된 분양가는 23평형 364~395만 원, 32평형 516~594만 원, 42평형 672~775만 원이었다. 당시 공무원 월급이 5만 원이었으니 대략 10년의 연봉을 고스란히 모아야 하는 돈이었고 복층은 분양가가 1,000만 원에 육박했으니 이러한 비판이 나올 만하기도 했다.

비판의 여론 속에 결국 대한주택공사는 대부분의 32평 B형의 내부 계단을 제거하고 독립적인 세대로 분리해 새롭게 32평 C형으로 전환했다. 그렇게 반포주공아파트의 주력 평형은 1,590세대의 23평형과 1,472세대의 32평형이 된다. 서울의 아파트는 동부이촌동 한강맨션아파트, 여의도시범아파트, 최종적으로 반포주공아파트를 거치며 중산층의 대표적 주거 공간으로 변모했다. 특히,

5-9. 한강과 접하고 있는 반포주공아파트 전경

반포주공아파트의 주력 23평형과 32평형은 이후로도 대표적 아파트 평형으로 자리 잡게 된다. 현재는 평 대신 ㎡ 단위를 쓰기 시작하고 공급 평형이 아닌 전용 면적을 주로 언급하면서 59㎡ 타입과 84㎡ 타입으로 변경되어 언급되고 있다.

반포주공아파트의 23평형은 대부분 분양되었으나 32평형, 42평형, 64평형은 분양에 실패했다. 반포주공아파트의 일부는 차관자금으로 지어지는데 이게 반포차관아파트이다. AID보증차관아파트는 22평형으로 1,472세대를 분양했으며 분양가는 331~382만 원으로 일반분양에 비해 분양가가 낮았다. 특히 계약금 50만 원과 월부금 1만 5,000원을 내면 되었기 때문에 인기가 높아 우리가

'아파트' 하면 떠올리는 분양 열풍을 이때부터 볼 수 있었다.

서울의 아파트는 서울에서 살아가는 서민들에게 있어 애증의 대상이다. 서울의 아파트를 콘크리트 숲이라고 비하하기도 하지만 많은 사람이 일평생 모은 자금력을 동원해 가지고 싶어 하는 대상이기도 하다. 이는 아파트라는 공간이 그만큼 사람들에게 편안함과 안락함을 제공하기 때문일 것이다. 이제는 서울이라는 도시에서 아파트는 삶에서 도저히 빼놓고 생각할 수 없는 요소가 되어버린 것이 아닐까.

서울 아파트 가격은 왜 이렇게 높을까

서울 아파트는 많은 사람이 가지고 싶어 하는 욕망의 대상이며 또한 터무니없이 비싼 가격으로 비난의 대상이기도 하다. '과연 서울 아파트는 왜 이렇게 비쌀까?'라는 질문을 서울에 사는 사람들이라면 누구나 해보았을 것이다. 내가 이 분야의 전문가는 아니지만, 개인적으로 고민하고 정리해 본 내용은 다음과 같다.

우리는 자본주의에서 인플레이션을 유지하기로 약속한 사회에서 살고 있다. '왜 인플레이션을 유지해야 할까?'라는 질문은 디플레이션 사회를 상상해보면 쉽게 답을 얻을 수 있다. 인플레이션을 유지해야 선순환 구조를 만들 수 있기 때문이다. 디플레이션 세계는 부가 축소되는 사회이고 시간이 지날수록 내가 가진 현금의 가치는 더욱 높아진다. 그럼 소비는 줄어들고 경기는 나빠지며 기업은 상황이 안 좋아져 실업자가 늘어나고 소비는 더욱 줄어드는 악순환의 상황에 놓이게 된다. 따라서 우리 사회는 낮은 인플레이션을 유지하는 것에 합의했다.

결과적으로 우리는 전체의 부가 유지되거나 늘어나는 사회에 살고 있다. 물론 단기적으로 부가 축소될 수는 있지만, 전체적으로는 서서히 확대되고 있다. 그러므로 우리가 돈을 현금으로 은행에서 찾아 일부러 불태워 버리지 않는 한 부는 없어지는 것이 아니라 단지 이동할 뿐이다. 예를 들어 금리가 높아져 부가 주식에서 채권으로 이동한다면 주식 가격은 내려가고 채권 가격은 오를 것이다. 그럼 부동산 가격이 의미 있게 내려가려면 어떻게 돼야 할까? 부동산에 있던 부가 다른 자산시장으로 이동해야 한다. 특히 부는 신뢰할 수 있는 시장에 가는 것을 좋아한다. 미국의 달러화 지폐 뒤에 적힌 'in god we trust'라는 문구는 이러한 돈의 속성을 잘 표현하고 있다.

우리나라 부동산에 묶여 있는 거대한 부를 받아줄 수 있는 곳은 다른 나라들을 보았을 때 바로 주식시장일 것이다. 하지만 한국의 주식시장은 상장기업의 지배구조, 주가 조작 방지에 대한 신뢰, 대주주와 소액주주의 차별 등의 문제로 신뢰도가 매우 낮다. 이러한 이유를 반영하듯 2022년 금융투자협회 자료에 의하면 한국은 부동산의 비금융자산 비중이 70%이다. 이 비중이 미국은 30%, 일본은 35%, 영국은 46%인 것과 비교해 보면 다른 나라에 비해 우리나라는 대략 2배 더 부동산에 부가 몰려 있다고 볼 수 있다. 만약 국내 주식시장을 신뢰할 수 있게 된다면 부동산의 부는 주식시장으로 이동할 것이다. 그럼 자연스럽게 부동산 가격은 내려가며 주식시장의 풍부해진 자금으로 젊은 CEO 벤처기업들의 탄생과 유니콘 기업들로의 발전 가능성도 커지게 될 것이다. 하지만 주식시장의 신뢰를 회복하기 위해서는 엄청나게 큰 사회적 노력과 기득권의 권리 포기가 필요할 것이다.

희망은 뒤로하고 현실적으로 현재의 국내 자산 비중에서는 우리나라 부동산은 다른 나라에 비해 2배 이상 비쌀 수밖에 없다. 게다가 2018년을 정점으로 한국의 생산가능인구가 감소하면서 기업들은 인재를 찾아 수도권으로 밀집할 수밖에 없었고, 젊은 층들은 일자리를 찾아 더욱 서울 및 수도권으로 이동하려는 연쇄적 집중 현상이 발생할 수밖에 없었다. 이런 젊은 층의 서울 유입은 서울 주택시장에 대한 수요를 급속히 증가시키는 원인이 되었다. 추가로 최근 급증한 빌라 전세 사기는 빌라 시장의 신뢰를 잃게 하며 이곳에 돈이 가지 않으려는 현상을 보였다. 이로 인해 서울 주택시장 중에서도 신뢰할 만한 아파트로 돈이 몰리니 안 그래도 부동산 시장에 가중하게 부가 많은데 부동산 안에서도 서울로, 서울 안에

5-10. 1974년 반포 AID보증차관아파트 추첨을 위해 모인 인파. 우리나라의 아파트에 대한 열망은 이때부터 이미 시작되고 있었는지도 모른다

서도 아파트로 돈이 쏠리는 현상이 나타났다.

　　여기에 더해 우리 사회는 또 다른 부의 이동을 경험하고 있다. 바로 세대 간 부의 이전이다. 한국의 베이비붐 세대는 은퇴를 앞두고 있거나 이미 은퇴한 세대이다. 이들은 한국 경제 성장의 주역으로 상당한 규모의 자산을 축적했다. 베이비붐 세대의 자산이 다음 세대로 이전하는 과정에서 몇 가지 특징을 관찰할 수 있는데 현금이나 금융자산보다는 부동산을 그대로 상속하는 경향이 강하며 다음 세대의 결혼이나 출산 때 증여를 통해 조기에 자산을 이전하려는 경향을 보인다는 것이다. 이러한 세대 간 자산 이전으로 인해 젊은 세대의 구매력은 약화했음에도 불구하고 이전 세대의 자금

지원으로 높은 가격의 서울 아파트를 구매하면서 서울 아파트 가격은 현재 우리가 보고 있는 것처럼 이게 가능한가 할 정도로 높아지고 말았다.

비틀림에 강한 반포대교의 박스 거더와 독립문 현저고가차로

강박스 거더교는 철판으로 박스 형태의 거더를 만들어 교각을 연결하고 그 위에 콘크리트 슬래브를 올리는 방식의 다리를 말한다. 일반적으로 공장에서 박스 거더 세그먼트를 제작하고 현장에 가져와 볼트와 용접으로 박스 거더 세그먼트를 서로 연결하는 방법으로 시공된다. 교량의 상부 구조를 시공하는 중에 밑에서 받쳐주는 하부 임시 구조물이 필요 없어 시공성이 좋다. 반포대교 같은 경우 이미 하부층에 잠수교가 있었기 때문에 더욱 임시 구조물을 사용할 수 없었고 이러한 이유로 강박스 거더를 사용했다. 단단해지는 양생 기간이 필요한 콘크리트 교량에 비해 강재 교량은 연속적으로 작업이 가능하기에 공사 기간을 단축할 수 있다.

박스 단면 모양은 또 다른 장점이 하나 있는데, 바로 비틀림모멘트에 강하다는 것이다. 곡선형 교량 같은 경우 중력 방향으로 하중을 받으면 자연스럽게 거더를 비틀려고 하는 외력을 동시에 준다.

이 비틀림이라는 현상은 재료역학에서 매우 어려운 주제로 대학 학부 때는 원형 단면에서 형성되는 순수비틀림만 배우고 졸

5-11. 반포대교 공사 중 크레인을 이용해 박스 거더를 거치하는 모습

업하게 된다. 지금이야 대부분의 재료역학을 수치해석 방법의 하나인 유한요소법Finite Element Method, FEM을 이용해 해석할 수 있지만, 1970년대는 컴퓨터나 유한요소법이 발전하는 도중이었고 곡선형 교량에서 발생하는 비틀림 현상은 해석적 방법으로 계산해야 했다. 해석적 방법Analytical Solution은 간단히 말하면 지배방정식을 수학적으로 풀이를 만들어 해를 도출하는 방식이다. 대부분의 고등학교 수학에서 하는 방식이 해석법이다. 하지만 우리가 실제로 마주하는 공학적 현상들은 대부분 해석법을 이용하기 어려운 복잡한 현상이고 이를 해결하기 위해 공간을 매우 작게 자르거나 시간을 매우 작은 시간으로 잘라 근사치를 도출하는 것이 수치해석이다.

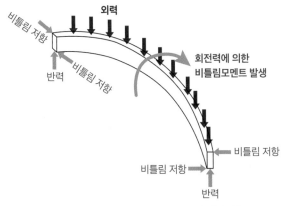

외력

비틀림 저항

비틀림 저항

회전력에 의한
비틀림모멘트 발생

반력

비틀림 저항

비틀림 저항

반력

5-12. 곡선형 보에서 외력에 의해 발생하는 비틀림모멘트와 그에 대한 저항

수치해석의 본질을 잘 보여주는 흥미로운 일화가 있다. 한 미국 고등학교의 수학 시험에서 특정 구간의 적분 값을 구하는 문제가 출제되었는데, 이는 적분 공식을 활용하는 일반적인 문제였다. 그런데 한 학생이 적분 공식이 기억나지 않자, 대신 주어진 구간의 면적을 작은 조각들로 나누어 근사치를 계산해 답안을 제출했다. 이 학생의 답안은 틀린 것으로 채점되었지만, 놀랍게도 그 학생은 배운 적 없는 수치해석법을 스스로 발견해 적용한 것이다. 이 일화는 복잡한 문제를 작은 단위로 나누어 해결하려는 수치해석의 기본 원리를 잘 보여준다. 다양한 수치해석법 중에서 현대 공학에서 가장 널리 사용되는 것이 3차원 공간을 효과적으로 분할해서 해석할 수 있는 유한요소해석이다.

곡선형 교량에서 비틀림모멘트를 더 잘 견딜 수 있는 단면 형태는 I형보다는 비틀림에 의한 변형이 작은 박스형이다. 이러한 박스형 거더의 비틀림을 고려한 해석법을 이용해 국내에서 처음으로 설계가 진행된 교량이 독립문 앞에 있는 '현저고가차도'이다. 이 현저고가차도를 보면 사직터널과 금화터널을 연결하는 성산대로를 위해 2개의 곡선으로 고가도로가 강박스 거더로 만들어져 있다. 이 현저고가차도를 만들기 위해 원래 의주대로(현 통일로)에 있던 독립문을 지금의 서대문 독립공원으로 옮겼다. 1979년 독립문을 옮길 당시 반대가 매우 심해 그대로 두려고 했으나 독립문을 다리 밑에 둘 수 없다는 의견이 많아지며 독립문과 영은문 주초를 모두 현재의 위치로 옮겼다.

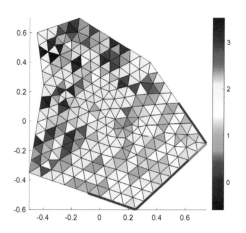

5-13. 유한요소해석을 위해 2차원 도형을 삼각형 요소로 나눈 그림

이러한 현저고가차도와 독립문의 이전을 둘러싼 이야기는 이 지역에서 일어난 여러 가지 역사 이야기 중 하나일 뿐이다. 서대문 독립공원의 독립문 일대는 독립운동가들이 옥고를 치른 서대문 형무소, 약수터라는 용어의 시작이 된 영천시장, 곡선 교량을 만들기 위해 국내 기술진들이 노력한 현저고가차로, 진정한 자주독립의 의미를 생각하게 하는 독립문까지 우리 근현대 시기의 이야기들이

5-14. 서대문 독립공원 앞 곡선형 현저고가차도

5-15. 독립문 앞 현저고가차도의 박스 거더가 거치되는 모습

용광로처럼 섞여 있는 공간이다. 그 의미를 알고 이곳을 가본다면 더욱 이 공간이 새롭게 다가올 것이다.

재료역학을 쉽게 해석할 수 있게 한 유한요소해석

유한요소해석은 영어로 'Finite Element Analysis(FEA)'라고 도 하고 'Finite Element Method(FEM)'이라고도 한다. 보통 공 과대학 학생들은 'FEM'라는 용어를 더 자주 사용한다. 유한요소 해석은 수치해석의 하나의 방법으로 발달했는데 간단한 형태는 『Kreyszig 공학수학Advanced Engineering Mathematics』에서 배우는 '유한차 분법'과 같은 행렬구조를 가지게 된다. 『Kreyszig 공학수학』은 과거 고등학교 수학 교재로 엄청나게 많이 팔린 『수학의 정석』과 같은 명저이다. 공과대학으로 진학하고자 하는 학생이라면 대개 이 책을 접하게 될 것이다. 내가 생각하는 이 책의 백미는 편미분방정식과 이를 해석법으로 풀기 위한 푸리에 변환과 수치해석법으로 풀기 위한 유한차분법 내용이다.

유한요소해석을 간단히 이해해 보자. 엔지니어링에서 다루고자 하는 대부분의 현상은 미분 형태의 수학적 모델로 되어 있다. 이를 지배방정식Governing Equation이라고 하며 이 지배방정식만을 연구하는 연구자들도 있지만 매우 소수이고, 많은 연구자는 특수한 상황이나 대상에 이 지배방정식을 풀어 실험과 대조해 보는 연구를 한다. 대상의 모양이 복잡하거나 2개 이상의 지배방정식을 동시에 풀어야 할 때 해석법으로 해를 도출하기는 어렵다. 하지만 대상물을 작게 자르면 이 작은 대상에 대한 해를 구하기는 매우 쉬워지는데 이 작은 대상물을 요소element라고 하며, 요소의 값들을 합쳐 정답에 가까운 답인 근사치를 구하는 것이 유한요소해석의 접근 방식이다.

유한요소해석의 기원은 1940년대로 거슬러 올라간다. 1941년 러시아계 캐나다 구조공학자인 알렉산더 흐렌니코프Alexander Hrennikoff가 미국기계공학회(ASME)의 응용역학 저널에 발표한 논문이 FEM의 시작점으로 여겨지는데 흐렌니코프는 지배방정식을 풀

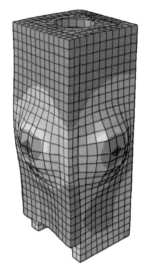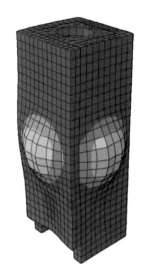

5-16. 유한요소해석을 위해 구조체를 작은 조각으로 나눈 요소

고자 하는 대상물을 격자 구조로 나누는 방법Discrete Mathematics(이산화)을 제안했고, 이는 현재 FEM에서 전체 대상물을 요소로 나누는 요소망mesh의 개념과 유사했다. 같은 해 리처드 쿠랑Richard Courant은 미국 수학학회에서 삼각형의 요소들을 정의하고 시험적인 함수에 직용했는데 이는 초기 형태의 유한요소해석과 비슷했고 발표 내용은 1942년 논문으로 게재되었다.

　이러한 초기적인 형태에서 벗어나 완전한 유한요소해석으로 실제 엔지니어링 문제에 적용할 수 있는 토대를 마련한 것은 1950년대 항공우주와 토목공학 분야에서 활발히 연구를 진행하며 이루어졌다. 이 시기 주요 연구자로는 미국 그룹의 미국 버클리주립대학 레이 클라우Ray Clough 교수, 워싱턴대학 마틴H. C. Martin 교수, 보잉사의 터너 박사M. J. Turner, 영국의 임페리얼칼리지런던 존 아르기리스John Argyris 교수 등이 있었다. 하지만 1950년대 컴퓨터가 발달하지 못한 상태에서 학계에 유한요소해석의 관심은 제한적이었다.

1956년 미국 연구 그룹에서 발표한 「Stiffness and Deflection Analysis of Complex Structures」는 FEM의 삼각형 요소에서 내부 변화를 표현할 수 있는 보간자interpolator를 개발해 어떠한 형상의 구조물에도 적용할 수는 있는 방법을 제안했다. 이는 FEM 역사에서 중요한 이정표로 여겨지고 있다. 이후 1960년 버클리주립대학 클라우 교수가 「The Finite Element Method in Plane Stress Analysis」라는 제목의 논문을 발표하며 FEM이라는 용어가 처음 사용되었고 이 용어는 즉시 널리 받아들여져 방법론의 본질을 잘 표현하는 것으로 인정받았다. 이 시기 자유 진영과 공산 진영 사이에 학술교류는 단절되어 있었는데, 공산 진영에서의 연구는 중국의 수학 전공 풍강馮康 교수가 독립적으로 타원형 편미분방정식 수치해석적 해법을 위한 이산화Discrete Mathematics를 제시하며 자유 진영에서의 연구와 병행되어 발전했다.

1960년대 컴퓨터가 급속히 발전하기 시작하면서 1960년대 중반부터 유한요소해석에서도 연구와 응용이 급속도로 발전하기

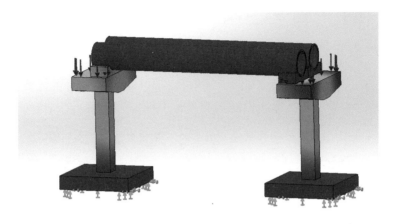

5-17. 유한요소해석을 이용해 여러 부재를 동시에 해석

시작했다. 특히, 1960년대에는 유한요소해석의 수학적 근간이 확립되는 시기로 많은 수학자가 유한요소해석에 대한 최적 수렴성과 오차 한계 등에 관한 연구를 수행했다. 1970년대에 들어서면서 구조물의 동적 해석, 자동차 산업에서 충돌 해석 등에 유한요소해석이 활용되기 시작했다. 동적 해석을 위해서는 시간이라는 차원을 추가로 해석해야 했는데 이를 위해 다양한 시간 적분법이 개발되었다. 1980년대 유한요소해석의 주요 연구 주제 중 하나는 나비에-스토크스Navier-Stokes 방정식 해법을 유한요소해석을 이용해 찾는 것이었다. 이때 안정화된 Galerkin FEM을 개발해 다양한 초기 및 경계 조건에서 나비에-스토크스 방정식을 해결할 수 있게 되었다. 1980년대 항공우주 및 토목공학 분야에서 대규모 유체-구조 상호

작용 문제를 해결할 필요성이 대두되었고 이 상호작용을 해석할 수 있는 유한요소해석 개발도 활발히 이루어졌다.

1990년대 비선형 확률적 유한요소해석을 개발했고, 이는 하중 조건, 재료 거동, 기하학적 형상, 지지 또는 경계 조건의 불확실성을 고려한 확률적 접근법을 제공했으며 구조 신뢰성 분석에 적용되었다. 이 시기 리메싱re-meshing 없이 균열 성장을 시뮬레이션할 수 있는 FEM 모델을 개발하기 시작했고 아예 메시mesh를 없애고 메시를 입자로 표현하는 메시프리mesh-free 입자법을 개발하기도 했다. 이렇게 개발된 유한요소해석 방법들은 파괴역학과 FEM 세분화 기술에 있어 중요한 돌파구 역할을 했다.

최근에는 기계 학습과 딥러닝 방법의 발전으로 딥 신경망을 구성해 FEM을 해결하는 것이 최첨단 기술이 되었다. 초기 연구는

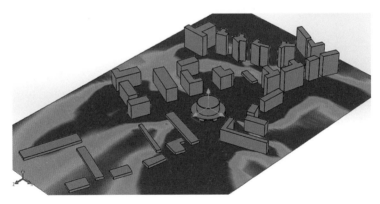

5-18. 나비에-스토크스 방정식을 유한요소해석으로 풀어 유체를 해석

FEM 구조를 따라 얕은 신경망을 구축해 경곗값 문제를 해결하는데 중점을 두었다. 그러나 2010년대 이후 딥러닝 기술이 급속히 성장하고 합성곱 신경망Convolutional Neural Networks, CNN, 생성적 적대 신경망Generative Adversarial Networks, GAN, 잔차 신경망Residual neural Network, ResNet 등의 더 정교한 신경망 구조가 발전하면서 계산 역학 문제를 해결하기 위한 신경망 사용이 점점 더 보편화되고 있다. 이러한 신경망 구조를 이용해 캘테크 연구 그룹은 동역학 및 노이즈가 있는 데이터에 대한 데이터 기반 FEM을 개발했고 버클리주립대학 연구 그룹은 FEM 솔루션 생성 데이터를 활용해 자동차 충돌의 사전 충돌 데이터를 예측하는 기계 학습 기반 역해법을 개발했다. 이뿐만 아니라 양자역학적 계산을 현실적 크기의 물리적 현상에 넣어주기 위한 다중스케일 해석에 유한요소해석을 사용하기 위한 연구와 이 과정 중 FEM 계산 부담을 줄이기 위한 연구도 같이 진행되고 있다.

과거 교량 설계 과정에서 복잡한 역학적 문제를 해결하기 위해서는 대학의 전문 연구진과의 긴밀한 협력이 필수적이었다. 특히 비정형 구조물이나 새로운 형식의 교량 설계 시에는 대학 연구실에서 보유한 고급 해석 기술과 전문 인력의 도움이 절대적으로 필요했으며, 이러한 산학 협력은 교량 설계의 핵심적인 부분을 차지했다. 그러나 ABAQUS, ANSYS와 같은 상용 유한요소해석 프로그램이 발달하고 보편화되면서 엔지니어링 회사들은 자체적으로 복잡한 구조해석을 수행할 수 있게 되었다. 대표적인 사례로 인천대교 설계에서의 활용을 들 수 있는데, 가설 단계별로 상용화된 유한요소해석 프로그램을 적극적으로 활용해 시공 중 발생할 수 있는 여러 문제점을 사전에 파악하고, 시공 단계별 발생하는 처짐과 응력 분포를 미리 예측함으로써 시공 오차를 최소화했다.

　　다양한 유한요소해석 프로그램들의 상용화로 복잡한 구조역학적 문제들을 효율적으로 해결할 수 있게 되면서, 구조 공학 분야의 연구 방향도 새로운 국면을 맞이하고 있다. 현재 많은 대학 연구팀들은 기존의 해석적 접근을 넘어서, 보다 현실적이고 시급한 과제들에 연구 역량을 집중하고 있다. 특히 구조물의 수명 연장과 안전성 확보를 위한 유지관리 시스템 개발, 건설 과정의 자동화, 혁신적인 건설 재료의 개발과 적용, 그리고 기존 교량의 구조적 신뢰성 평가 방법 개선 등이 주요 연구 분야로 부상하고 있다. 이러한 연구 동향은 노후 구조물의 증가와 인구 구조 변화에 따른 사회적 요구를 적극적으로 반영한 것으로, 미래 건설 산업의 새로운 도전 과제들을 해결하기 위한 노력이라 할 수 있다.

6.
한남대교

마누라 없이는 살아도 장화 없이는 못 산다

지금 서울에서 가장 번화하고 땅값이 비싼 곳이 어디냐고 물으면 대부분의 사람이 '강남'을 꼽을 것이다. 그러나 수십 년 전만해도 강남은 지금과 전혀 다른 위상을 차지하고 있었다. 직접 그 시절을 겪지 못한 사람은 실감하기 어렵겠지만 강남지역에는 지금과 같은 빌딩숲은커녕, 논밭밖에 없었다. 대부분의 강남지역은 상습 침수지역이라 개발되기 어려운 땅이었기 때문이다. 당시 강남에서는 속된 말로 "마누라 없이는 살아도 장화 없이는 못 산다"라는 우스갯소리가 돌기까지 했다고 하니, 그 시절 강남지역의 땅 상태가 어땠을지 상상이 간다. 사실상 근대 이전에는 강북지역, 그것도 사대문 안의 일부 지역만이 도성 안으로 분류되었으니, 오늘날 우리가 생각하는 서울의 경계가 만들어진 것은 생각보다 오래지 않은 일인 셈이다. 그리고 강남의 개발을 촉진하고 그로부터 강북과 강남을 아우르는 오늘날의 서울을 만든 주역이 바로 지금 소개할 한남대교이다.

한남대교는 다리가 만들어질 당시 '제3한강교'라고 불렸다. '제2한강교'라고 이름 붙여졌던 양화대교와 마찬가지로 전쟁을 대비한다는 목적에서 건설되었다. 당시 서울의 인구는 6·25전쟁 이후 2배로 늘어난 상태였지만, 만약 다시 전쟁이 일어난다면 시민들이 한강을 건널 수 있는 다리는 한강대교 하나뿐이었다. 제2한강교(양화대교)가 있기는 했지만, 양화대교는 전시에 민간인의 이용이 통제되고 군사 목적에 한해 사용할 계획이었다. 이에 민간인 대피를 위하여 한강에 추가 다리가 필요하다는 주장이 대두되었고, 그에 따라 정부에서는 한강에 추가 다리를 계획한다.

그럼 제3한강교는 왜 지금의 위치에 건설되어야 했을까? 이는 서울의 지리를 생각해 보면 이해하기 쉽다. 서울 이남으로 벗어나기 위해서 택할 수 있는 길로는 한강대교를 건너 안양천을 따라 수원 비행장까지 내려가는 1번 국도 길(현재 차량 대부분은 서부간선도로를 이용)이 있다. 그 옆 관악구 쪽으로는 남하가 불가한데 관악산이 버티고 있기 때문이다. 그다음 가능한 곳은 사당을 지나 관악산과 우면산 사이 남태령을 넘는 것이 가능한 선택지이다. 하지만 남태령, 즉 고개를 넘는 길은 협소하여 전시에 다수의 사람이 한꺼번에 지나가기 어렵다. 그렇기에 그다음으로 고려되는 길이 바로 우면산 동쪽 말죽거리 양재를 지나가는 길이다.

실제로 이 길의 이러한 용도에는 역사적으로도 사례가 존재

6-1. 완공 당시 제3한강교를 촬영한 항공사진

6-2. 제3한강교 공사 현장

한다. 바로 조선시대 인조가 1624년 이괄의 난을 맞아 피란을 가기 위해 지나간 길이 이 길이다. 말죽거리라는 지명부터가 이 이야기와 관련되어 있다. 설로는 피란을 위해 인조가 말 위에서 내리지도 않고 팥죽을 먹었다 하여 말죽거리라고 불렀다고도 하고, 한강을 건너 쉴 만한 마을이 없이 한참을 달려 말에게 죽을 먹이던 중간 지점이라 하여 말죽거리라 불렀다는 이야기도 있다.

아무튼 이러한 지리적 특성과 중요성 때문에 조선시대에는 이미 말죽거리로 이어지는 한강 이북에 나루터와 군영을 겸하는 한강진이 설치되어 있었다. 즉, 한강진이 있던 자리에 제3한강교를 건설하는 것은 전쟁 발발 시 강북의 시민들을 남쪽으로 피난시키기에 가장 효율적인 방안이었다.

경기 남부에서 서울 시내로 가기 위해 빨간색 광역버스를 타면 경부고속도로에서 나오자마자 왕복 12차로의 한강 다리를 건너게 된다. 이 다리가 바로 한남대교이다. 나 또한 서울에 들어갈 때마다 광역버스를 곧잘 타는데, 날씨가 좋은 날이면 한남대교에서 남산타워가 보이고 '아, 서울에 도착했구나' 하는 생각에 마음이 들뜨기도 한다. 다리를 건너자마자 나오는 남산1호터널을 지나면 명동으로 진입한다.

제3한강교의 공사가 시작될 때만 해도 제3한강교는 왕복 4차로로 계획되었고 이미 오픈케이슨으로 기초공사가 끝난 상태에서

6-3. 경부고속도로를 나오면 바로 한남대교 위에서 보이는 풍경

폭 26m의 6차로 설계가 변경되었다. 공식적으로 그 이유가 알려지지는 않았으나 북한에서 대동강에 25m 폭의 다리를 만들었고, 우리는 그보다 넓은 다리를 만들어야 한다고 해서 26m로 변경되었다는 이야기가 있다. 제3한강교가 계획되고 만들어질 당시 경부고속도로 건설에 대한 논의가 없었기 때문에 경부고속도로를 계획하여 확장된 것은 아닌 것으로 추측된다. 이유가 어찌 되었든 지금 우리가 시원하게 건너는 넓은 한남대교를 보면 잘한 결정이었다. 1969년 제3한강교가 개통되고 같은 해 경부고속도로 전 구간과 남산1호터널이 개통되었으니 대한민국에 새로운 교통축이 만들어진 의미 있는 해였다.

새로 만들어진 한남대교 남단 쪽으로 젊은 세대가 유입되면서 이 다리는 당시 젊은 세대의 꿈과 방황을 나타내는 상징적 역할을 하기도 했다. 1979년 발표된 혜은이의 〈제3한강교〉는 당시의 시대상을 생생하게 담아낸 노래로 평가받고 있다. 이 노래가 유행한 이후, 압구정동과 청담동 일대에서 자란 1.5세대는 '오렌지족'이라는 별칭으로 널리 알려졌다. 이 명칭은 그들의 부유한 생활 방식을 상징하는 동시에, 젊은이들이 품고 있던 꿈과 방황을 함축적으로 표현하는 단어로 자리 잡았다. 특히 압구정에 이러한 문화가 집중되었고, '압구정 로데오거리'와 '가로수길'같이 젊은이들이 많이 모이는 상권을 나타내는 신조어가 탄생했다.

88 서울올림픽 유치와 한강종합개발사업을 거치며 제3한강교는 1984년 '한남대교'라는 새로운 이름이 붙여진다. 1994년 성수대교 붕괴 후 전체 한강 다리를 정밀 진단하게 되었고, 이때 한남대교는 교각 기초 케이슨이 심각하게 열화했고 일부 기초가 떠 있는 등 심각한 안전 문제로 붕괴 위험의 판정을 받는다. 한남대교의 설계와 건설 과정에는 몇 가지 중요한 문제점이 있었다. 원래 한남대교는 지지할 수 있는 차량의 총중량이 32톤인 2등교로 설계되어 그 이상의 화물트럭 통행을 제한해야 했으나, 경부고속도로와의 연결로 인해 이 제한이 제대로 지켜지지 않았다. 게다가 공사 중 4차로에서 6차로로 설계가 변경되면서, 케이슨 기초 위에 확

대기초를 추가로 설치하는 방식을 택했다. 이러한 일련의 결정들로 인해 다리의 구조적 안정성이 처음부터 취약할 수밖에 없었고, 결과적으로 다리의 노후화가 가속되었다. 하지만 보수를 위해 한남대교를 막는다면 경부고속도로의 교통량을 강남으로 내보내야 하는데 이는 재앙스러운 교통체증을 유발할 게 뻔했다. 따라서 추가 다리를 건설하고 이후 구교를 보수하는 것으로 계획을 세운다. 이에 2001년 6차로의 추가 다리를 한강 하류 쪽에 건설하여 개통하고 이후 구교의 통행을 막고 상판 전부를 교체하는 등 전면적으로 구교의 보수를 시작한다. 이때 구교를 2등교에서 1등교로 설계하중을 높였다. 2004년 구교와 신교를 합쳐 왕복 12차로로 개통하면서 현재 우리가 만나는 한남대교가 완성되었다.

제3한강교가 만들어지고 이미 사람들이 살고 있던 말죽거리는 땅값이 1년 사이 10배가 오른다. 하지만 대부분의 강남지역은 여전히 상습 침수지역이라 개발되기 어려운 땅이었다. 제3한강교가 건설된 이후 실제 강남을 오늘날 강남으로 만들 수 있게 해준 또 하나의 일등공신이 바로 소양강댐이다.

소양강댐과 1984년 서울 대홍수

사람들이 많이 이용하는 만큼 경부고속도로가 대한민국의 발전에 중요한 역할을 했다는 사실은 흔히들 알고 있지만, 소양강댐

6-4. 정밀안전진단 후 추가 다리를 공사 중인 한남대교

6-5. 12차로가 완성된 현재의 한남대교

이 경부고속도로만큼 중요한 역할을 했다는 얘기는 낯선 사람들이 많을 것이다. 그러나 지금의 서울, 강남이 어떻게 만들어졌는지를 알기 위해서는 소양강댐에 대해서 알 필요가 있다. 소양강댐은 건설 당시 락필댐Rockfill Dam 중 동양 최대였고 지금도 세계에서 다섯 번째로 큰 댐이다. 락필댐은 흙, 자갈, 암석 등의 재료를 쌓아 만드는 필댐Fill Dam의 한 종류로, 주로 큰 암석이나 자갈을 사용하여 축조하는 댐을 말한다. 소양강댐의 주요 기능은 약 30억 톤의 물을 저장할 수 있는 대규모 물 저장고로, 마치 거대한 그릇과 같다고 생각하면 된다. 30억 톤이라고 하면 쉽사리 상상이 안 가는 숫자이긴 하지만 알기 쉬운 방식으로 한번 가늠해 보자. 이 물을 서울의 전체 면적으로 흘려보내면 물의 높이가 5m가 된다. 만약 소양강댐이 터진다면 서울은 그야말로 물바다가 되는 것이다. 소양강댐 붕괴에 대한 가상 시나리오를 좀 더 현실적으로 살펴보면, 댐 붕괴 시 쓰나미(지진해일)와 유사한 현상이 발생한다. 이 쓰나미의 효과를 받는 범람 면적을 대략 100km²로 추정했을 때, 30억 톤을 범람 면적으로 나누면 순간적으로 물의 높이가 약 29m까지 치솟을 것으로 예상된다. 이는 일반적인 아파트 기준으로 7~8층 높이에 해당한다.

소양강댐(1973년 완공)의 총공사비가 318억 원이었는데 경부고속도로(1970년에 완공)의 총공사비가 429억 원이었으니 당시 이

2개의 사업이 우리나라의 자금력을 총동원한 최대 사업이었다. 소양강댐은 수도권 지역에 전기 공급, 수도 공급, 한강의 수위 조절 등 여러 가지 목적을 위해 만들어진 다목적댐이다. 이 중에서도 가장 중요한 임무는 한강의 수위 조절을 하여 장마철 홍수를 방지하는 것이다. 특히 한강의 남쪽 지역은 대부분이 장마철 침수지역으로 언제 집이 물에 떠내려갈지 모르는 지역이기 때문에, 사람들이 정착하기는 어려웠다. 지금은 한강이 범람하지도 않는데도 강남의 지대가 낮아 침수되는 것을 보면 소양강댐이 없던 시기 강남은 어떤 땅이었는지 상상해 볼 수 있다. 을축년 대홍수 때 남대문 앞까지 물이 찼다고 하니 옛 한양 성곽은 경험적으로 홍수 시 물이 차는 지대를 계산하여 위치를 정한 것이 아닌가 한다. 소양강댐은 완공되기 전부터 그 능력을 발휘했다. 완공되기 1년 전인 1972년 7월 7일간 강수량이 약 715mm로, 을축년 대홍수 때만큼 비가 많이 내렸다. 하지만 당시 소양강댐은 이미 완성에 가까운 단계였고 매초 7,500톤씩 들어오는 물을 1,500톤씩 흘려보내 한강의 범람을 막았다.

소양강댐은 이렇게 큰 저수량에도 위기를 맞은 적이 있는데 그게 바로 1984년 서울 대홍수 때이다. 1984년 9월 서울에 엄청난 폭우(1일 최대강수량 295mm)가 내려 한강 수위는 이미 위험 상태였고 방송은 연신 홍수 특보를 방송하고 있었다. 하지만 이게 다가

6-6. 소양강댐에서 수문을 열어 방류하는 모습. 소양강댐 방류는 건설 이래 2024년 현재까지 50년이 넘는 세월 동안 단 17번 있었다

6-7. 소양강댐 완공 직전의 모습

아니었다. 춘천지역의 엄청난 폭우로 소양강댐의 수위도 최대치에 가까워지고 있었다. 어쩌면 '댐의 물이 조금 넘친다고 해서 댐 전체가 붕괴하는 것은 아니지 않나?' 하고 생각할 수도 있다. 그러나 댐의 저수량이 한계를 넘어 물이 넘쳐흐르기 시작하면 큰 위치에너지를 가진 물이 낙하하며 댐 하부를 침식할 수 있다. 이로 인해 댐의 높이가 낮아지면서, 더 많은 물이 넘쳐흐르는 악순환이 발생한다. 이러한 과정이 가속화되면 결국 댐은 순식간에 무너지는 급격한 붕괴로 이어질 수 있다. 게다가 이미 댐의 밑에서는 엄청난 수압이 댐을 밀고 있고, 이것을 중력의 힘으로 누르고 있는 것이기 때문에 작은 결함도 전체 댐을 붕괴시킬 수 있다.

1984년 9월 1일 오후 3시, 소양강댐의 수위가 높아짐에 따라 한국수자원공사의 소양강댐지사는 한강홍수통제소에 소양강댐의 수문 개방을 요구한다. 하지만 이미 서울이 물난리가 난 상태에서 소양강댐 수문을 개방하면 한강이 추가 범람하기 때문에 이를 반대하며 서울과 소양강댐을 동시에 지키기 위한 사투가 시작된다. 참고로 소양강댐 수문 개방 여부는 한국수자원공사와 한강홍수통제소가 협의하여 결정한다. 하지만 이때 이미 대통령실도 사태의 심각성을 알고 있었고 서울과 소양강댐 사수에 하나라도 실패한다면 정권에 큰 위기가 될 것을 알고 있었다. "서울에 물이 차니까 소양강댐에서 최대한 좀 막아보라"라고 하는 대통령의 지시가 있었다는 당시 소양강댐지사 근무 직원의 증언도 있었다.

소양강댐이 버틸 수 있는 한계 수위는 198m였으며 오후 3시 수위는 188m였다. 자정을 넘기고 새벽 2시, 소양강댐의 수위는 194m로 한계 수위까지 고작 4m밖에 남지 않았다. 이에 한국수자원공사와 한강홍수통제소는 5개의 수문 중 3개의 수문을 여는 데 합의한다. 소양강댐에서 수문을 개방하면 그 물이 서울에 도착하는 데 걸리는 시간이 16시간 정도 되기 때문에 관계자들은 그사이 비가 그치고 한강의 수위가 떨어지기를 바랐을 것이다.

수문을 개방하고 비가 그쳤음에도 상류에서 흘러오는 물의 양이 너무 많다 보니 오전 7시 소양강댐의 수위는 더 올라 196m가 되었다. 한계치 198m에 2m밖에 남지 않은 상황이었다. 결정을 내려야 했고 이때 소양강댐지사와 한강홍수통제소 사이에 고성이 오갔다고 한다. 결국 소양강댐은 전체 수문을 개방하게 된다. 하지만 전체 수문을 개방했음에도 수위는 계속 올라 197.8m가 된다. 최대치에서 20cm밖에 남지 않은 상태였고 만수위 203m까지도 고작 5m 남짓 남겨둔 시점이었다. 소양강댐은 200년에 한 번 있을까 말까 한 홍수에 맞추어 설계되었다. 크기가 워낙 크다 보니 소양강댐을 만들 당시에도 이렇게까지 크게 할 필요가 없다고 반대의 목소리가 컸다. 하지만 만들어진 지 불과 11년 만에 그 큰 소양강댐도 한강의 수위를 조절하기에는 부족하다는 것을 알게 되었다. 이때 사람들 사이에서 소양강댐이 무너질 수도 있다는 댐 붕괴설이 돌기도 했다.

당시 소양강댐을 관리하던 부장은 직원들에게 "댐 수위가 200m를 넘기면 다 나가라. 나 혼자 지키겠다. 내가 죽으면 비석이나 세워달라"라고 했다고 하니 그 당시 소양강댐지사 직원들의 위기감과 책임감이 어떠했는지 보여주는 대목이다. 하늘이 도왔는지 다행히 197.8m 수위에 도달한 이후 정체하다가 1시간 후 수위가 1cm 떨어졌다. 직원의 회고에 의하면 수위가 떨어진 것을 보고 직원들이 "살았다" 하며 환호했다고 한다. 이렇게 위기를 지나 보내고, 한강에는 사람들이 흔히 알지 못하는 많은 변화가 생겼다. 이후 남한강에 소양호와 비슷하게 30억 톤의 물을 담을 수 있는 충주댐이 1985년 완성되었고, 소양강댐에도 추가로 물이 빠져나갈 수 있는 여수로를 만들어 홍수에 대비했다. 소양강댐을 만들 당시 우리나라의 기술력이 부족하기도 했고 강줄기 흐름을 바꾸고 산을 헐어야 하는 어려운 공사였기 때문에 공사 중 37명의 기술자와 근로자가 발파작업 현장과 수몰 작업장에서 순직했다. 나 또한 마찬가지지만 독자 여러분도 수도권에 살면서 집이 한 번도 물에 잠긴 적이 없다면 이분들의 희생을 기억해 주기 바란다.

소양강댐과 소양호 답사기

소양강댐과 소양호를 답사하기 위해 이른 아침 서울에서 차를 타고 출발했다. 물론 기차를 이용해 춘천역까지 간 뒤, 11번 버스나 12번 버스를 30분 정도 타고 '소양강댐정상' 정류장에 내리는 방법도 있다. 하지만 양양고속도로가 개통되면서 자가용으로 가는 것도 상당히 빨라졌다. 차를 이용한다면 소양호댐정상 주차장에 주차할 수 있는데, 이곳은 선착장 바로 앞에 위치해 있어 편리하다. 주차장에서 나오면 탁 트인 전경이 방문객을 맞이한다. 청평사로 가는 배편은 오전 10시부터 정각마다 출발한다. 나는 배 출발 시간 전에 소양강댐을 둘러보았다. 이렇게 하면 시간을 효율적으로 활용하면서 소양강 일대의 아름다운 풍경을 충분히 감상할 수 있을 것이다.

소양강댐의 준공기념탑으로 향하는 길에는 취수탑이 눈에 띈다. 이곳에서 물이 취수되어 발전기를 돌린 후 다시 배출된다. 취수탑을 지나면 나오는 카페에서는 소양강호의 전망을 한눈에 감상할 수 있다. 더 위쪽으로 올라가면 소양강댐의 뒷모습이 펼쳐지고, 댐 정상을 따라 걸을 수 있는 길이 나타난다. 이 정상길에서는 소양강댐을 위에서 아래로 내려다볼 수 있어 특별한 경험을 제공한다. 버스 정류장인 소양강댐 준공기념탑과 전망지점을 지나 소양강댐 정상길에 올라서면, 아래로 내려다보이는 경치가 압도적이다. 이 작

6-8. 소양강댐에서 보이는 소양강 일대의 풍경

6-9. 소양강댐의 취수탑

은 지점을 막아 거대한 호수를 만들어 낸 인간의 기술력과 이런 적합한 장소를 찾아 댐을 건설해 현실화한 노력이 경이롭게 느껴진다. 댐 정상길의 끝에는 소양강댐 공사 중 순직한 분들을 기리는 위령탑이 있어, 이 거대한 프로젝트의 이면에 희생과 노력이 있었음을 상기시켜 준다.

이후 청평사로 가기 위해 다시 선착장으로 향했다. 소양호의 배편은 예전부터 유명했지만, 세월호 사건 이후 선박 안전 기준이 강화되어 한동안 운행이 중단되었다. 최근에야 새로 건조된 배로 정상 운영을 재개했는데, 아마도 그 때문인지 배는 매우 깨끗하고 잘 정비되어 있었다. 15~20분 정도 배를 타고 가면 청평사 선착장에 도착한다. 배는 청평사에서 매시 30분에 출발하며, 마지막 배는 오후 5시 30분에 출발하므로 시간을 잘 맞추어 선착장에 도착하는 것이 중요하다. 배에서 내려 걷다가 뒤를 돌아보면 마치 그림 같은 아름다운 풍경이 펼쳐진다. 소양호의 잔잔한 수면과 주변의 산들이 어우러져 만들어 내는 장관은 이곳을 찾는 이유를 충분히 설명해 준다.

청평사는 고려시대에 백암선원으로 창건된 1,000년 이상의 역사를 지닌 사찰이다. 이 사찰은 흥미로운 설화로도 유명하다. 전해지는 이야기에 따르면, 당나라 태종의 딸 평양공주를 사랑한 한 청년이 있었다. 그런데 태종이 그 청년을 죽이자, 청년은 뱀으로 환

6-10. 순직자 위령탑

6-11. 댐 정상길에서 소양강댐을 내려다본 모습

한강 다리, 서울을 잇다

6-12. 청평사 전경

생하여 공주의 몸에 붙어 떨어지지 않았다. 온갖 방법을 동원해도 뱀을 떼어내지 못하자, 공주는 궁을 떠나 방랑 끝에 한국의 청평사에 도착했다. 공주는 이곳에서 하룻밤을 굴에서 보내고 공주탕에서 몸을 씻은 후 스님의 옷을 만들어 바쳤는데, 이 공덕으로 뱀은 공주와의 인연을 끊고 해탈했다고 한다. 이 소식을 들은 당나라 황제는 감사의 뜻으로 청평사를 중창하고 탑을 세웠다고 전해진다. 청평사로 가는 길에는 이 설화와 관련된 연못을 볼 수 있다. 선착장에서 청평사까지는 약 30~40분 정도 걸어야 한다. 나는 아름다운 청평사의 정경을 바라보며 이번 답사를 마무리했다.

미국 후버댐과 소양강댐은 어떻게 다를까

초기 우리 정부는 니폰코에이日本工營에서 설계용역 결과를 받아 소양강댐의 설계를 콘크리트 중력댐 방식으로 채택했다. 소양강댐 공사비가 경부고속도로 공사비와 비슷할 정도로 크다 보니 일부를 대일청구권으로 충당하기로 하면서 니폰코에이로부터 자재와 공법 등에 관하여 간섭이 심한 상태였다. 이러한 상황은 현대건설이 자재 공급과 공사 관리가 어려운 콘크리트댐이 아니라 자갈과 점토 등 우리 현지에서 자재 공급이 가능한 락필댐으로 변경안을 제시하면서 반전되었다. 당시 건설부 장관이 현대건설에서 제시한 변경안을 대통령에게 보고하면서 채택되었다. 이렇게 설득할 수 있었던 이유는 공사비를 낮추고 공사 기간을 단축할 수 있으며, 결정적으로 북한에서 폭격하여도 락필댐은 한 번에 파괴되지 않는다는 것이었다.

하지만 당시 기술력으로는 우리가 건설하고 싶다고 해서 할 수 있는 것이 아니었다. 이런 초대형 댐을 건설하기 위해서는 기계화 시공이 필요한데 이런 시공 경험이 없는 상황에서 나라의 자금력을 총동원한 프로젝트에 처음 공사를 해본다는 것은 너무 큰 모험이었다. 미래의 결과를 모르는 상황에서 지금 똑같은 결정을 해야 한다면 불가능에 가까우므로 대부분의 전문가는 해외 기술 협력과 콘크리트 중력댐을 선택할 것이다. 하지만 우리가 결과를 알고 있듯이 말도 안 되게 이걸 해냈다. 이후 기계화 시공 경험으로 양성된 엔지니어들이 현대조선소, 구미공단 조성에 중추적인 역할을 하면서 바야흐로 1970년대 한국은 한강의 기적을 만들어 냈다.

6-13. 미국 라스베이거스 근교에 위치한 후버댐

　이러한 이유로 이번에는 다목적댐이 변화한 이야기를 해보고
자 한다. 특히 1,000MW급 이상의 대형 댐에 처음으로 콘크리트
라는 재료가 사용된 미국의 후버댐에 대해서 알아보고, 이 후버댐
과 소양강댐을 비교해 보자.

　후버댐은 미국의 관광도시 라스베이거스에서 차로 30~40분
떨어져 있는 콘크리트 중력식 아치댐이다. 미국 서부의 대도시 로
스앤젤레스에서 차로 5~6시간을 가야 라스베이거스에 도착할 수
있는데 오후에 로스앤젤레스에서 출발하면 저녁에 도착한다. 이
도시가 네바다 사막 한가운데 있다 보니 광활하고 한적한 사막을
가로질러 가는 도중에 저녁이 되면 주위가 칠흑같이 어두웠다가

6-14. 후버댐에서 압축을 유도하는 아치 구조

6-15. 매스 콘크리트의 냉각을 위해 단계적 타설로 발생한 시공이음

도시가 보이기 시작하는 순간 갑작스레 저 멀리 불빛이 아른거리는 모습을 볼 수 있다. 그 급작스러운 전환은 마치 램프의 요정 지니가 가져다 놓은 마법의 도시처럼 홀연하게 느껴진다. 이 큰 도시가 물이 없는 사막 한가운데 만들어질 수 있었던 것은 1935년 후버댐 완공으로 인공호수 미드호가 형성되면서부터이다. 이는 소양강댐이 한강 수위를 조절하여 강남지역을 대도시로 변모시킨 것과 마찬가지이다.

후버댐의 형상을 위에서 보면 아치 구조를 하고 있다. 이는 고전 구조물에서 벽돌에 압축력만을 작용시키기 위해 아치 구조를 이용한 것과 같은 원리이다. 이 아치에서 발생하는 힘이 그대로 지반에 전달되니 암석 지반이 지반반력을 버틸 수 있는지도 조사해야 한다. 이렇게 아치 구조를 만든 것은 매우 천재적인 발상인데 이 거대한 댐을 위해 콘크리트를 이용하면 다음과 같은 문제가 발생하기 때문이다.

콘크리트는 단단해지면서 열을 발생시키는데 한 번에 타설한 콘크리트 양이 너무 많으면 섭씨 100도가 넘어 같이 혼합한 물이 끓게 된다. 이러한 문제 때문에 벽돌 모양으로 구역을 나누어 일부 구역 콘크리트를 냉각시키고 다음 구역에 콘크리트를 타설하는 방식으로 진행되어야 한다. 따라서 구역간에는 일체화가 떨어지는 면이 존재하는데 이를 '시공이음'이라 한다. 후버댐을 자세히 들여

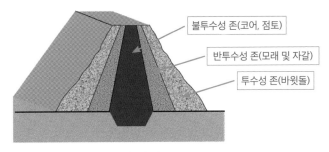

불투수성 존(코어, 점토)

반투수성 존(모래 및 자갈)

투수성 존(바윗돌)

6-16. 소양강댐이 만들어진 구조인 락필댐의 내부 구조

다보면 이러한 시공이음을 볼 수 있다. 어찌 보면 후버댐은 거대한 벽돌을 쌓은 것이라 보면 된다.

하지만 소양강댐은 위에서 보았을 때 아치 구조를 하고 있지 않다. 소양강댐은 암석, 자갈, 모래 등을 재료로 사용하는 락필댐으로, 재료가 구sphere 형상을 하고 있어 횡구속이 없다면 압축력을 받을 시에 흩어지기 때문이다. 따라서 소양강댐은 온전히 재료가 받는 중력의 힘만을 이용하여 수압을 저항한다. 소양강댐의 내부 구조를 보면 물이 통과할 수 있는 투수성 존, 중간 지대인 반투수성 존, 물이 통과할 수 없는 불투수성 존(코어)으로 이루어져 있다. 락필댐은 콘크리트댐과 다르게 수밀성이 낮아 물이 침투해 들어오기 때문에 누수가 발생할 수 있는 단점을 가지고 있다. 이를 극복하고자 댐의 지면 폭이 매우 넓게 되어 있어 소양강댐의 경우 이 폭이 540m에 이른다.

또한 소양강댐은 후버댐과 다르게 수문이 있다. 초기 다목적 댐은 배수를 위한 대형 수문 없이 배수로를 설치하여 어느 높이 이상 되면 물이 배수로를 통해 빠져나가도록 설계했다. 이는 우리가 세면대 옆에도 배수관을 설치하여 물이 세면대를 넘치지 않게 하는 것과 같은 설계이다. 하지만 만약 수도관에서 배출할 수 있는 양보다 더 많은 양의 물이 들어온다면 세면대에서 물은 넘칠 것이다.

실제로 미국에서 이와 같은 일이 발생한 적이 있다. 1889년에 발생한 존스타운 홍수Johnstown Flood로 사우스포크댐South Fork Dam이 붕괴했다. 이 댐은 소양강댐과 마찬가지로 필댐이었다. 수위를 낮추기 위한 배수로가 있었음에도 홍수로 댐 최대수위까지 수위가 올라가며 붕괴했다. 붕괴 여파로 10m 이상 높이의 쓰나미 같은 파도가 발생하여 마을을 휩쓸고 갔으며 이로 인해 2,000여 명의 사망

6-17. 대형 수문이 없는 후버댐(왼쪽)과 달리 소양강댐(오른쪽)에는 대형 수문이 있어 빠른 배수가 가능하다

자를 발생시킨 19세기 가장 규모가 큰 댐 붕괴사고였다. 이후 댐의 설계에 직접 수문을 이용하여 물을 급속히 배수할 수 있는 시설을 만들었다. 또한 떨어지는 물의 에너지가 댐의 앞쪽 지반을 파 내려가지 않도록 물을 다시 위로 쏘아 올려 운동에너지로 분산시키는 U자 형 감세공Energy Dissipator을 설치했다. 따라서 소양강댐에서 이러한 수문을 통해 물이 배출될 때 감세공으로 인하여 화려한 물보라를 볼 수 있다.

200년 빈도 홍수는 어떻게 알 수 있을까

2024년 준공된 원주천댐은 200년 빈도의 홍수도 방어해 내는 것을 목표로 설계·준공되었다. 사실 흔히 뉴스 등에서 '200년 빈도 홍수'라는 표현을 쓰곤 하는데 실제로 그 말이 무슨 말인지는 일반인들로서는 알기 어렵다. 이를 설계빈도가 200년이라고도 표현하는데, 말 그대로 200년에 한 번 있을 정도 규모의 홍수에도 대비할 수 있도록 설계했다는 의미이다. 그런데 정작 200년간의 데이티기 없는데 '200년 빈도'의 홍수가 실제로 어느 정도의 규모인지는 어떻게 알 수 있을까?

그림 6-18의 그래프에서는 미국 오리건주 메리스강Marys river의 연간 최대 물 유입량 데이터를 보여주고 있다. 홍수 빈도 분석을 위해서는 먼저 유입량 크기 순서대로 나열하고 이를 확률로 표현

해야 한다. 예를 들어 그림 6-18의 데이터에서 2014년부터 10년 간의 데이터를 뽑아 분석한다면 유입량이 가장 높은 223㎥/s부터 가장 낮은 67㎥/s까지 순서대로 배열한다. 여기서 순위를 m, 데이터의 전체 개수를 n이라 하면 10개 데이터 중 223일 확률은 1/1 으로 0.1, 즉 10%가 되는데 이를 구역으로 표현하면 223보다 높을 확률이 1/10이고 이것을 식으로 표현하면 m/n이 된다. 또 다른 표현방식으로는 m/(n+1)을 주로 사용하게 되는데 m/n을 사용하면 67㎥/s보다 많이 올 확률이 1이 되어 100%의 확률을 의미하게 된다. 이론적 확률의 분포에서 100%는 수렴해 가는 값이기 때문에 이를 보완하기 위하여 분모에 n 대신 (n+1)을 사용하여 너무 빠르게 100% 확률에 도달하는 것을 방지하고 있다. m/n과

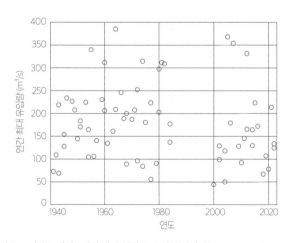

6-18. 미국 오리건주 메리스강의 연간 최대 물 유입량 데이터(USGS Water Data)

m/(n+1)으로 생존 확률이 계산되었을 때 차이를 보여주는 그래프를 m/n보다 m/(n+1)을 사용했을 때 100% 근처에서 이론적 확률 함수를 더 잘 표현해 주고 있는 것을 볼 수 있다.

이렇게 만들어진 유입량 순위와 m/(n+1)의 확률값은 P(x>t)로 유입량보다 더 많이 올 확률이다. 이를 누적분포함수에 적용하기 위해서는 해당 값보다 적게 올 확률 P(x≤t)로 변경하는 것이 좋으며 F(t)=P(x≤t)=1-P(x>t)로 1에서 뺀 값으로 쉽게 계산할 수 있다. F(t) 데이터를 이용하여 그래프를 그려보면 누적분포함수를 얻을 수 있고, 이를 미분하거나 관측빈도로 히스토그램을 그려보면 확률밀도함수를 얻을 수 있다. 확률의 기본적 내용으로 확률밀도함수를 적분하면 누적분포함수를 얻을 수 있고, 이를 다시 미분하면

연도	유입량(m³/s)		유입량	순위(m)	m/n	m/(n+1)
2014	130		223	1	0.1	0.09
2015	164		214	2	0.2	0.18
2016	223		172	3	0.3	0.27
2017	172	순서	164	4	0.4	0.36
2018	67	➡	134	5	0.5	0.45
2019	107		130	6	0.6	0.55
2020	78		124	7	0.7	0.64
2021	214		107	8	0.8	0.73
2022	134		78	9	0.9	0.82
2023	124		67	10	1	0.91

6-19. 10년간 연도별 유입량 데이터를 순위별로 나열하여 확률로 표현한 예

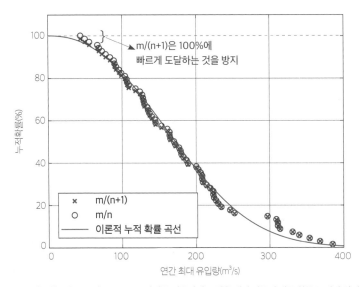

6-20. 생존 확률을 m/n과 m/(n+1) 두 가지를 이용하여 구했을 때의 이론적 생존 확률 곡선과 차이

확률밀도함수를 얻는 관계를 가진다. 유입량 데이터는 0을 제한으로 점점 커지기 때문에 비대칭 확률분포함수가 필요하다. 이러한 특징을 반영할 수 있는 이론적 확률분포함수로 많이 쓰이는 함수는 베이불Weibull 분포 함수이며 이 함수의 누적분포함수의 식은 다음과 같다.

$$F(t) = P(x \leq t) = 1 - e^{-(t/\lambda)k}$$

여기서 k는 모양 상수, λ는 스케일 상수, t는 변수를 나타낸다.

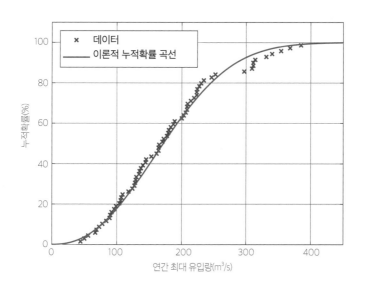

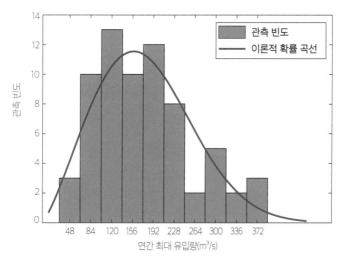

6-21. 순위 데이터를 누적분포함수 그래프(위)로 표현하고 이를 미분하여 확률밀도함수(아래)를 도출

베이불 누적분포함수에서 모양과 스케일을 결정하는 k와 λ 상수는 강우 데이터를 이용하여 결정해야 하는데 이를 위해 베이불 누적 분포함수를 선형화하는 작업이 필요하다. 자연로그를 이용하여 누적분포함수를 변형시켜 주면 다음과 같은 식을 도출할 수 있다.

$$\ln\left[\ln(\frac{1}{1-F(t)})\right] = k \cdot ln(t) - k \cdot ln(\lambda) \quad \text{(식1)}$$
$$y \quad = \quad a \cdot x \quad + \quad b \quad \text{(식2)}$$

그러면 누적분포함수는 y=a·x+b 선형함수로 바뀌고 기울기 a와 y 절편 b를 구함으로 베이불 누적분포함수에서 필요한 k와 λ

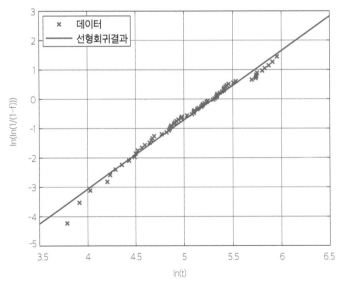

6-22. 선형화된 데이터를 가지고 선형회귀분석을 통해 도출해 낸 직선

상수를 최종적으로 구할 수 있다.

그림 6-22의 그래프와 같이 선형화된 데이터에 선형회귀 분석을 진행하여 빨간색 선을 구할 수 있고, 그 결과로 기울기 a 는 2.36, y 절편 b는 -12.49를 얻을 수 있다. 200년에 한 번 있을 강우는 다르게 말하면 1년에 발생할 확률이 1/200, 즉 0.005 이며 0.5%의 확률이다. 좀 더 자세히 말해보면 1년의 발생확률이 1/200씩 200년이 지나면 발생확률이 1이 되니 1년 내의 발생확률이 1/200인 것과 200년 안에 한 번 일어날 확률은 같은 의미가 된다. 여기서 F(t)는 P(x≦t)로 이 최대 강수보다 작을 확률을 다 더한 값이기 때문에 F(t)=1-0.005=0.995가 된다. 다시 말해 0.5%로 희귀하게 발생할 극한의 강수량보다 적게 올 확률은 99.5%라는 말이 된다. 그림 (식 1)로 (식 2)의 y값은 1.67이 된다. 이를 가지고 x값을 구해보면 x=6이 나오고 x=ln(t)=6이므로 t=403.4라는 결과가 나온다. 즉, 200년에 한 번 있을 홍수로 인한 메리스강의 최대 유입량은 403.4㎥/s가 된다. 이와 같은 방식의 확률 분석은 피로하중, 한계상태설계법의 하중 분석이나 지진빈도 분석에도 사용되고 있다.

7.

성수대교

성수대교 붕괴의 아픈 기억

1994년에 있었던 성수대교 붕괴 사고는 아마도 서울 시민들이 한강 다리에 관하여 공유하고 있는 기억 중 가장 큰 충격으로 남은 기억일 것이다. 1994년의 어느 화창한 가을날이었다. 지금은 폐선된 서울 16번 버스가 출근하는 직장인들과 등교하는 학생들을 가득 태우고 강남 방면에서 성수대교를 건너가고 있었다. 그런데 갑자기 '쿵' 하는 소리와 함께 버스 앞바퀴가 내려앉는 느낌이 들었고, 잠깐 괜찮은가 싶었다가 버스가 앞으로 쏠리면서 미끄러지기 시작했다고 한다. 성수대교의 중간 부분이 갑자기 무너져 내리면서 다리를 지나던 차량들이 함께 추락한 것이다. 이때 16번 버스는 떨어지는 과정에서 뒷바퀴가 붕괴하지 않은 상판에 걸리면서 뒤집히며 떨어졌고, 31명의 탑승자 중 29명이 사망했다.

당시 16번 버스에 같이 타고 있던 무학여자고등학교 학생 8명, 무학여자중학교 학생 1명도 희생되었다. 한 학생의 아버지는 대기업에서 임원으로 스카우트될 정도로 승승장구하고 있었지만

7-1. 성수대교 붕괴 당시 상판이 한강에 떨어진 모습

이때의 충격으로 인해 통곡하며 2년을 더 살다 중병으로 사망했다. 또 다른 학생의 아버지는 사고가 일어난지 2년 후, 희생자 위령비 앞에서 농약을 마시고 생을 마감했다. 사고로부터 10년이 지나, 조선일보와 한 인터뷰에서 한 학생의 아버지는 "내가 그때 그놈의 강남 근로자아파트 딱지만 받지 않았어도…. 똑똑한 내 딸을 위해 8학군이네 뭐네로 이사 갔어. 근데 이사 간 기간이 짧아 배정을 못 받고 성수대교를 건너가게 된 건데…"라며 자책하고 있었으며 위암 초기임에도 병원에 가지 않고 있다고 말했다.[•] 당시 희생된 학

● 〈울다가 울다가… 딸 따라간 아빠들〉,《조선일보》 2004년 10월 20일 자

생은 강남으로 이사를 간 지 얼마 되지 않아 강남 내 학군에 배정을 못 받은 학생들이었고, 사고 이후에는 이사를 결정했던 부모님들의 자책이 엄청났다. 성수대교 붕괴 이후 정부는 학생들이 한강을 건너 통학하지 않도록 학교를 배정했다.

단순한 '부실시공'이 아닌 '유지 관리'의 부재

성수대교 붕괴의 원인을 '부실시공'이라는 용어로 단순화해서는 안 된다. 성수대교 붕괴 이전에는 시설 담당 공무원들이 시설에 대한 '정밀안전진단'을 시행했을 때 만약 "문제가 없다"라는 결론이 나오면 부적절 예산 사용으로 감사를 받아야 했다. 공연히 하지 않아도 될 안전진단을 위하여 예산을 낭비했다는 것이다. 이는 물론 그 이전에 일부 업체에 부적절하게 예산을 배정해 실제로 예산을 낭비했던 사례가 있었기 때문일 것이다. 하지만 언제나 세상에는 책임감을 가진 전문가와 비윤리적 전문가가 공존하고, 항상 후자가 전자를 방해한다. 그처럼 당시에는 만약 책임감 있는 담당 공무원이 한강 교량에 문제가 있어 보여 정밀안전진단을 시행하려해도 이를 위해서는 자기의 직을 걸어야 했다.

성수대교 붕괴 이후 한강의 모든 다리에 정밀 안전 진단을 시행했고 그 결과 양화대교, 한남대교, 당산철교 등 많은 다리가 붕괴 직전이라는 충격적인 사실이 밝혀졌다. 특히 2호선 당산역과 합정역을 연결하는 당산철교는 이미 기관사들 사이에서 "당산철교에서 빠르게 달리면 진동이 심하여 무섭다"라는 이야기가 돌고 있었으며, 성수대교 붕괴 이전 2호선 운영사인 서울지하철공사에서도 이 위험성을 인지하고 있었다. 하지만 앞에서 언급한 것처럼 정밀안전진단을 누군가 주도해서 시행하려면 그 담당자는 직을 걸어야 했기 때문에 정밀안전진단이 시행되지 못하고 있었다. 성수대교 붕괴 후에야 정밀안전진단이 시행되었고 다수 균열이 발견되었다. 이때 "성수대교가 붕괴하지 않았으면 당산철교가 먼저 무너졌을 것"이라는 이야기도 돌았다.

사실 당산철교는 초기 고전 방식인 리벳 접합으로 설계되었으나 당시 신기술인 강 볼트 접합과 용접 접합 방식으로 일부를 변경했다. 하지만 기술과 경험이 부족했기 때문에 변경된 부분이 설계에 충분히 반영되지 못했던 것으로 판단된다. 성수대교 붕괴 10여 일 후 MBC 〈카메라 출동〉에서 위급했던 당산철교 붕괴 위험성을 알렸다.● 성수대교가 붕괴한 후 당산철교는 대대적 보수를 시행했으나 1년 후인 1995년 당산철교는 전면 교체를 하는 것으로 결정된다. 1996년 12월 31일 막차 통과 후 전면 폐쇄하여 새 다리가

● 〈서울 2호선 당산철교 균열 110개 고발, 최일구 기자(1994년), YOUTUBE 채널 《기사 스크랩 News Archive》 참조

7-2. 성수대교 붕괴 후 철거·재시공 현장

7-3. 기존 당산철교를 완전히 철거하여 교체하는 모습

완공되는 1999년까지 당산역과 합정역 사이 2호선 운행이 중단되었고 당산역과 홍대 입구 사이 무료 셔틀버스가 운행되었다.

만약 당산철교가 전면 교체되지 않은 채 유지되다가 붕괴했다면 승객이 가장 많았을 출퇴근 시간 두 대의 열차가 동시에 있는 극한 하중에서 붕괴했을 가능성이 크다. 성수대교 붕괴 당시 서울에 지하철은 1~4호선까지만 있었고 그중에서도 2호선의 혼잡도가 가장 높았다. 출퇴근 시간 평균 300% 혼잡도로 대략 5,000명을 태우고 운행했으며 극한 하중인 두 대의 열차가 있는 상태에서 당산철교가 붕괴했다면 1만여 명의 사상자가 발생했을 것이다. 성수대교 붕괴 사고의 희생자들은 단순히 부실시공에 의해 붕괴한 다리에서 운이 없게 희생된 사람들이 아니다. '시설물 유지관리'라는 개념이 전혀 없던 미성숙한 사회에서 발생한 사회적 재난의 희생자들이다. 이 재난을 딛고 우리 사회는 시설물 유지관리와 안전에 관한 경각심을 사회 전반에 걸쳐 공유하게 되었다. 성수대교 붕괴 이후 정부와 국회에서도 정밀안전진단을 위해서는 담당 공무원이 책임을 져야 하는 부조리한 현실을 인지하고 사고 이듬해 1995년 '시설물 안전관리에 관한 특별법'이 제정되었다. 이 법으로 시설물의 안전 등급에 따라 A등급은 6년에 1회 이상, B·C등급은 5년에 1회 이상, D·E등급은 4년에 1회 이상 정밀안전진단을 시행하고 있다. 안전하게 한강을 건너고 있는 지금 우리의 일상 뒤에는 이러한 아픈 기억과 안타까운 희생이 존재했다는 사실을 결코 잊어서는 안 된다.

'시설물의 안전 및 유지관리에 관한 특별법' 제정 이전 우리나라에는 구조물 안전 진단을 위한 전문회사가 없었다. 특별법을 기반으로 안전 진단 기술을 고도화하는 전문회사들이 생길 수 있었다. 특히 1970~1980년대 한국은 급격한 경제 성장기를 지나오며 사회기반시설을 대대적으로 확충했다. 이 시기에 건설된 많은 시설물이 2024년 현재 50년 이상 지나며 노후화로 인한 안전 문제가 대두되고 있다. 2030년 이후에는 준공된 지 30년 이상 되는 시설물 비중이 40%를 넘을 것으로 예측되었다. 이러한 문제에 대응하기 위해 정부는 2018년에 기존 법률 '시설물의 안전 및 유지관리에 관한 특별법'을 대대적으로 개정했다. 여기서 소규모 시설물까지 관리 대상에 포함해 재난 위험이 크거나 예방이 필요한 시설물에 대한 관리를 강화했다.

하지만 이러한 법률 개정만으로는 노후 인프라의 위험을 완전히 해소하기 어려울 것으로 예상된다. 급증하는 노후 시설물의 안전 점검과 유지보수에는 막대한 예산이 필요하며, 이를 효율적으로 관리하는 것이 현재 중요한 과제임을 정부에서도 인식하고 있다. 이에 2020년 '지속가능한 기반시설 관리 기본법'이 시행되었다. 이 법은 선제적 투자와 장기적 성능 관리를 통해 노후 인프라,

특히 교량 같은 주요 시설물의 안전을 확보하는 것을 목표로 하고 있다.

이러한 법과 제도를 기반으로 서울시설공단, 국토안전관리원 등 관리 기관에서는 빅데이터, AI, IoT 등 첨단 기술을 활용해, 실시간 모니터링 및 진단 자동화의 정확도와 효율성을 증대시키기 위한 연구개발에 매진하고 있다. 그러나 이런 기술들이 현장에서 효과적으로 적용되기까지는 여러 도전과제가 있다. 새로운 기술 적용에 예산과 시간이 투입되고도 즉각적 성과가 없다면 담당자가 전적으로 책임을 져야 하는 문화가 남아 있기 때문이다. 안전 진단에 실패했던 것을 교훈으로 삼아 시설물의 관리 책임을 지고 있는 기관들에 힘을 실어주어야 할 때가 아닌가 생각해 본다.

성수대교 북단 서울숲공원에 숨은 위령비를 찾아서

성수대교와 희생자 위령비를 찾아 성수동의 서울숲공원으로 향했다. '서울숲공원'이라는 이름이 암시하듯, 이곳은 한강의 경사가 완만해지는 지점에 위치해 있어 상류에서 흘러온 퇴적물이 쌓이면서 나무가 잘 자랄 수 있는 환경이 조성되었기 때문에 평지에 울창한 숲이 형성될 수 있었다. 이러한 지형적 특성으로 이곳은 과거 왕의 사냥터로 사용되었다. 평탄한 지형은 말을 달리며 사냥하기에 적합했기 때문이다. 왕이 사냥할 때는 일반인의 출입을 금하기 위해 그림 7-4와 같은 '둑기'라는 왕의 행차를 알리는 표식을 세웠는데, 이 '둑기'가 현재 2호선 뚝섬역 지명의 유래가 되었다. 그렇다면 뚝섬은 섬이 아닌데도 왜 '섬'이라고 불렸을까? 이곳은 중랑천과 한강이 만나는 지점으로, 한강 쪽에서 바라보면 마치 섬처럼 보였기 때문이라고 한다.

서울숲공원 지역은 한강의 경사가 완만해지는 지점이라는 지리적 특성 때문에 독특한 역할을 했다. 상류에서 벌목한 나무들을

7-4. 수도박물관에 전시된 둑기에서 뚝섬역 지명의 유래를 엿볼 수 있다

떼목 형태로 떠내려 보내면, 이곳에서 속도가 느려져 자연스럽게 목재 집하장 역할을 했다. 특히 흥선대원군이 경복궁을 재건하던 시기에는 많은 나무가 필요하면서 나무 가격이 급등했다고 한다. 이로 인해 떼꾼들이 많은 돈을 벌면서 '떼돈 번다'라는 표현이 생겼다는 이야기가 있다.

이 지역의 또 다른 중요한 특징은 나무가 모이는 곳이니 증기기관 사용에 적합하고, 한강 상류에서 내려오는 깨끗한 물을 쉽게 얻을 수 있었다는 점이다. 이러한 이유로 우리나라 최초의 수도시설이 이곳에 건설되었다. 현재 이 시설은 서울숲공원 바로 옆에 위치한 수도박물관에서 볼 수 있다. 특히 수도박물관은 우리나라에서 가장 오래된 철근콘크리트 구조물이 있어 주목할 만하다.

서울숲공원을 방문하기 위해 수인분당선 서울숲역으로 향했다. 4번 출구로 나오면 바로 서울숲공원 정문과 마주하게 된다. 공원으로 향하는 에스컬레이터를 타기 전 주변에 다양한 음식점과 카페가 있어 식사 시간대라면 공원 방문 전 식사를 즐기는 것도 좋은 선택이 될 수 있다. 서울숲공원은 그 규모가 매우 커서 4개의 특색 있는 구역으로 나뉘어 있다. 서울숲역에서 나오면 처음 만나는 '문화예술공원'에는 바닥분수, 숲속놀이터, 다양한 정원 등이 조성되어 있다. '생태숲'은 꽃사슴을 직접 볼 수 있는 '꽃사슴방사장'과 생태숲이 주요 시설이다. '체험학습원'에는 곤충식물원과 실제

나비가 방문객에게 날아오는 나비정원이 있다. 마지막으로 '습지 생태원'에는 생태학습장과 유아들을 위한 숲체험원이 주요 시설로 자리 잡고 있다. 이렇게 다양한 테마 공원들이 모여 있어, 방문객들이 자연과 문화, 교육이 어우러진 경험을 할 수 있다.

서울숲공원의 입구에는 이곳의 과거를 상기시키는 군마상이 서 있다. 이 동상은 이 부지가 한때 경마장이었음을 알려주는 표식이다. 일부 독자들은 이곳에서 승마를 배웠던 추억이 있을지도 모른다. 1989년까지 경마장으로 운영되던 이 장소는 경마장이 과천으로 이전한 후 주거 및 업무 지역으로 개발될 예정이었다. 그러나 도심 속 녹지의 중요성이 주목받으면서, 이명박 전 서울시장의 주도로 계획이 변경되어 2005년 현재의 공원으로 탈바꿈했다. 군마상을 지나 조금 더 들어가면 아이들을 위한 바닥분수가 나온다. 이 시설 근처에는 간이탈의실도 마련되어 있어, 물놀이 후 아이들의 옷을 갈아입힐 수도 있다.

7-5. 서울숲공원에 남은 군마상이 이곳이 과거 경마장이었음을 알려주고 있다

이 공원의 중심에는 아이들의 마음을 사로잡을 만한 대규모 숲속놀이터가 있다. 특히, 줄을 타고 오르는 공간은 아이들을 마치 타잔으로 변신시킬 듯한 모험심을 자극한다. 도심 속에서도 자연을 만끽할 수 있도록 설계된 이 공원은 나무 향기 가득한 산책로와 곳곳에 마련된 평상이 방문객들에게 휴식을 제공한다. 문화예술공원에서 다른 구역으로 이동하고자 한다면 숲속놀이터 인근의 계단을 이용해 체험학습원으로 가는 것이 좋다. 참고로 생태숲으로 바로 가려면 차량이 많은 성수대교 북단 교차로를 지나야 한다. 체험학습원을 경유해 간다면 공원의 평화로운 분위기를 계속 즐기며 동선을 짤 수 있다.

체험학습원에 들어서면 넓고 아름다운 정원이 방문객을 맞이한다. 곳곳에 마련된 그늘 평상이 있어, 돗자리와 도시락을 준비해 오면 정원의 풍경을 감상하며 식사를 즐길 수 있다. 공원 안쪽으로 더 들어가면 나비정원과 곤충식물원이 나타난다. 아쉽게도 내가 방문했을 당시에는 곤충식물원이 공사 중이라 입장할 수 없었다. 체험학습원의 전망데크에서 오른쪽으로 가면 수도박물관으로, 왼쪽으로 가면 생태숲으로 향하는 길이 있다. 나는 생태숲으로 먼저 발걸음을 옮겼다.

생태숲으로 가는 길에는 성수대교 북단 아래를 지나게 된다. 이곳에는 다리 아래 의자들과 공연장이나 운동장처럼 보이는 숨겨진 공간이 있다. 아이들과 배드민턴 같은 운동을 즐기기에 적합한 장소이다. 생태숲 공원에 들어서면 많은 꽃사슴이 방문객을 반갑게 맞이한다. 단, 먹이 주기는 금지되어 있다. 꽃사슴방사장에서 계단을 올라가면 '바람의 언덕'이라는 생태길이 나온다. 이곳은 사진 찍기 좋은 아름다운 풍경을 자랑한다.

생태길을 둘러본 후 수도박물관을 방문하기 위해 다시 체험학습원의 전망데크로 발걸음을 옮겼다. 전망데크에서 계속 직진하면 연결통로가 나타나는데, 이 통로를 따라가면 수도박물관으로 바로 이어진다. 수도박물관에는 우리나라 최초의 정수장 시설이 원형 그대로 보존되어 있다. 방문객들은 내부로 들어가 우리나라에서 가장 오래된 철근콘크리트 구조물인 정수장 시설을 직접 볼 수 있다. 이 시설은 1908년에 건립되어 1990년까지 사용되었으며, 현재는 서울특별시 유형문화재로 지정되어 있다. 이곳에서 정수된 물은 서울 시내와 마포지역, 용산지역으로 공급되었다. 수도박물관 안에는 서울의 수도 공급 역사와 자료들이 전시되어 있다.

마지막으로 성수대교와 희생자 위령비를 향해 발걸음을 옮겼다. 수도박물관에서 한강공원으로 이어지는 연결로를 통해 강변북로 위를 지나갈 수 있으며, 이곳에서 성수대교를 한눈에 조망할 수 있는 지점도 있다. 수도박물관 입구 쪽에서 '한강 가는길' 표지판을 따라가면 계단이 나온다. 이 계단을 올라 육교를 건너면 아름다

7-6. 수도박물관의 정수장 시설

7-7. 체험학습원과 생태숲 연결 통로에서는 성수대교 하부 구조를 엿볼 수 있다

운 성수대교를 한눈에 볼 수 있는 풍경이 펼쳐진다.

　다시 계단을 따라 내려가면 지하 통로가 나오는데, 이 통로를 이용하려면 통로에 부착되어 있는 안내문에 적힌 전화번호로 연락해야 한다. 이 통로를 지나면 희생자 위령비에 도달할 수 있다. 2024년은 성수대교 붕괴 30주년이 되는 해이다. 어렵게 도착한 이곳에서 희생자들을 추모하며, 안타까움과 고마움이 동시에 느껴졌다. 우리는 단순히 과거를 기억하는 것을 넘어 실질적인 행동의 중요성을 인식해야 한다. 그런데 여기까지 내 여정을 함께해 준 독자라면 이 위령비까지 오는 길이 상당히 복잡하다고 생각했을 수도 있다. 실제로 현재 성수대교 사고 희생자 위령비는 많은 사람이 방문하는 서울숲공원에서 30m밖에 떨어져 있지 않음에도 울타리로 막혀 도보로 접근이 힘들다. 희생자를 기념하는 위령비조차 도

7-8. 육교 끝에서 볼 수 있는 성수대교와 한강 풍경

7-9. 희생자 위령탑으로 가기 위해 지나야 하는 지하 통로

7-10. 성수대교 붕괴 희생자 위령탑은 서울숲에서 도보로 찾아가기조차 어렵다

보로 접근이 어려운 현실은 우리 사회가 그들의 희생과 교훈을 얼마나 쉽게 잊어가고 있는지를 보여주는 듯하다.

성수대교 붕괴 사고는 우리 사회의 아픈 기억이지만, 그때의 교훈을 잊지 않기 위해서 무거운 마음으로 이 책에서 이야기를 해 보았다. 감히 그 고통을 짐작하기조차 어렵지만, 성수대교 붕괴로 희생되신 분들과 무학여고 학생들, 아이들의 죽음을 자책하며 생을 마감하신 부모님들을 추모하고 가족을 잃은 슬픔으로 고통을 받으셨던 유가족분들에게 이렇게나마 위로를 전하고 싶다.

다리의 가운데 부분이 떨어지기 쉬웠던 캔틸레버와 힌지(경첩) 구조

성수대교는 한강에 열한 번째로 만들어진 다리이다. 영동(강남)의 신도시 개발에 따른 서울 동부권을 균형 있게 발전시키고 서울의 부도심 역할을 할 수 있는 지역으로 발전시키기 위하여 인구 유입을 염두에 두고 만들어졌다. 특히, 성수대교는 이전 한강의 다리들이 강플레이트형 구조로 가격을 낮추고 기능성에 중점을 두었던 것과 다르게 미관을 수려하게 하고 주변 경치와 조화를 이룰 수 있도록 조형미를 다각적으로 검토하여 설계되었다.

초기 성수대교의 구조를 살펴보면 교각과 교각 사이 최대 길이가 120m인 게르버보 트러스 구조였다. 엄밀히 얘기하면 캔틸레버(정정구조) 트러스 구조인데 더 자세하게 설명해 보면 교각에서

7-11. 성수대교 개통 직후의 모습

FIG. 5A. LIVING MODEL ILLUSTRATING PRINCIPLE OF THE FORTH BRIDGE.

7-12. 스코틀랜드 포스교의 설명 모습을 통해 초기 성수대교의 구조 또한 설명할 수 있다

직접적으로 연결되는 트러스가 양쪽으로 캔틸레버보 역할을 하고 이 캔틸레버보 사이는 단순한 상판을 힌지(경첩)로 연결한 구조이다. 이는 이전 언급한 적이 있는 1800년대 후반 만들어진 영국 스코틀랜드의 포스교Forth Bridge와 같은 구조인데 이 교량을 만들 당시 교량 모델을 설명하는 사진을 보면 이해가 쉽다. 그림 7-12에서 일반인이 한눈에 보기에도 교량에서 가장 쉽게 문제가 되어 보이는 곳은 가운데 떠서 앉아 있는 사람 부분일 것이다. 성수대교 붕괴사고는 이 가운데 부분이 떨어진 사고이다.

《대한토목학회지》(1994) 〈성수대교 붕괴사고 원인과 대책〉 좌담회의 논문을 참고하여 다시 성수대교의 구조를 살펴보자. 만약 가운데 상판이 캔틸레버보 위로 설치가 되어 있었다면 좀 더 오랜 시간 위험을 알려주었을 것이다. 그러나 안타깝게도 연결이 아래

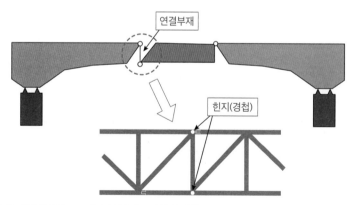

7-13. 사고의 원인으로 지목된 성수대교의 힌지(경첩) 구조

로 되어 있는 구조라서, 연결 부재가 끊어지며 즉각적으로 떨어지고 말았다. 현재 새로 만들어진 성수대교는 이러한 힌지 연결을 없애고 부재와 부재가 일체로 거동하는 부정정구조로 만들어졌기 때문에 특정 부분이 파괴되어도 전체 구조물이 붕괴하지 않게 설계되었다. 겉모습은 이전과 같아 보이지만, 그 하중을 받아주는 구조 자체는 완전히 다른 형식의 다리가 되었다.

안정한 구조와 불안정한 구조

일반적 구조물의 기본 요소는 크게 세 가지로 나눌 수 있는데 부재member, 절점Joint 그리고 지점support이다. 이렇게 구성된 구

7-14. 겉으로는 비슷하지만 완전히 다른 형식의 다리가 된 새로운 성수대교

조물은 외력이 가해져도 그 형태를 유지할 수 있어야 하며 외력이 작용할 때 구조물이 이동하거나 회전하지 않고 멈춰져 있는 상태를 '평형상태'라고 일컫는다. 안정한 구조물 중 힘의 평형방정식만으로 미지수 부재력(내력)을 구할 수 있는 구조를 정정구조Statically Determinate Structure라고 하며 미지수에 비하여 평형방정식이 부족하여 추가적 변위의 적합방정식이 필요한 구조를 부정정구조Statically indeterminate Structure라고 한다. 이러한 구조물의 상태를 판별하기 위하여 부정정차수를 계산해야 하며 이를 구하는 식과 그로 인한 구조물의 상태는 그림 7-15의 표를 통해서 알아볼 수 있다.

불안정	정정구조	부정정구조
$N < 0$	$N = 0$	$N > 0$

7-15. 부정정차수(N) = 외적차수(N_e) + 내적차수(N_i)

먼저 외적차수를 살펴보면 외적차수는 지점에서 발생하고 있는 반력의 개수에 3을 뺀 식(N_e = 반력수 - 3)으로 계산된다. 여기서 3을 빼는 이유는 2차원 구조물의 3개 평형방정식 $\Sigma Fx=0$, $\Sigma Fy=0$, $\Sigma M=0$이 미지수 3개를 줄여주기 때문이다. 내적차수는 수평(또는 대각) 보강 개수에 3을 곱한 값에서 힌지(경첩)의 개수를 뺀 식(N_i = 3×수평 보강 - 힌지 개수)으로 계산된다. 여기서, 수평 보강을 하면 보강 부재에서 양쪽 모멘트와 축력 총 3개의 내력 미지수가 추가되기 때문에 3을 곱하여 더해주며, 힌지가 있으면 이곳을 기준으로 모멘트 방정식을 하나 추가할 수 있으므로 미지수 하나를 빼줄 수 있는 효과를 가져서 힌지 개수만큼 빼준다.

예를 들어 그림 7-16과 같은 구조물의 부정정차수를 판별해 보면 먼저 반력의 개수는 총 6개이기 때문에 외적차수는 6-3으로 3이 된다. 대각 보강재를 '가새'라 하며 이것의 개수가 2개로 3×2하면 6이 되고, 힌지의 개수는 총 3개로 6-3을 하여 내적차수는 3이 된다. 여기서 가새 또는 보강이 헷갈린다면, 부재가 둘러싸지는 폐합 구조가 몇 개인지 파악하면 보강 개수와 같아지기 때문에 더

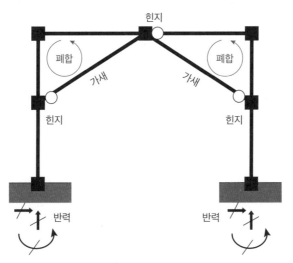

7-16. 부정정차수를 구하기 위한 예제 구조물

욱 쉽게 파악할 수 있을 것이다. 이 계산을 종합해 보면 그림 7-16 에서 보여주는 구조물의 부정정차수는 3+3으로 6차 부정정구조가 된다.

극한의 외력에 의하여 구조물의 한 부분에서 탄성한계를 넘어 소성 영역에 도달하게 되면 힌지와 같은 거동을 하는 소성힌지Plastic hinge가 형성된다. 정정구조물의 경우 부정정차수가 0이고 여기에 소성힌지로 -1이 추가되면 부정정차수는 0보다 작아지게 (N < 0) 되어 구조물은 불안정해진다. 반면 부정정구조물은 부정정차수만큼 소성힌지가 발생하여도 불안정으로 바뀌지 않는다. 예를 들어 그림 7-17과 같은 경우 위에 있는 구조물은 외적차수가 3-3 으로 0이며 내적차수는 수평 보강과 힌지가 없으므로 0인 정정구조물이다. 반면 아래 구조물은 반력 5개로 외적차수는 5-3=2이며

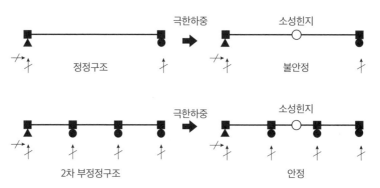

7-17. 탄성한계를 넘어 소성힌지가 발생했을 때 구조물 변화의 예

내적차수는 힌지와 수평 보강이 없으므로 0인 총 2차 부정정구조물이다. 이 두 구조물에 극한의 하중으로 인하여 소성힌지가 발생한다면 정정구조물은 붕괴하지만 2차 부정정구조는 붕괴하지 않고 안정을 유지한다. 따라서 부정정구조물은 한 부위의 문제로 구조물이 붕괴하지 않지만, 정정구조물은 한 부위에서만 소성힌지가 발생해도 구조물이 붕괴할 수 있다.

8.
올림픽대교

다양한 이스터 에그가 숨어 있는 다리

올림픽대교는 88 서울올림픽을 영구적으로 기념하기 위해 서울시에서 현상공모를 시행하여 당선된 설계를 바탕으로 건설된 다리이다. 그래서인지 이 다리에는 '이스터 에그' 같은 숨겨진 상징들이 많이 있다. 먼저 서울올림픽의 개최 회차인 제24회와 개최 연도인 1988년을 기념해 이 사장교 케이블의 수는 24개이고 주탑의 높이는 88m이다. 주탑을 구성하는 4개의 기둥은 시간의 '연월일시', 계절의 '춘하추동', 방향의 '동서남북'과 같이 동양 철학의 우주 만물 근원을 나타내고 있다. 당시 토목설계 공모는 흔하지 않은 일이었지만 올림픽이라는 축제의 분위기를 고조시키고 우리나라의 기술력을 뽐내기 위한 목적으로 국내 최초 콘크리트 사장교가 설계되었다.

하지만 당선된 설계에 두 가지 문제점이 제기되었는데 첫 번째는 설계된 다리가 독일 루트비히스하펜Ludwigshafen 고속도로의 파일런Pylon 교량과 비슷하게 생겼다는 것이고, 두 번째는 당시 우리나라의 토목 기술이 사장교를 독자적으로 만들 수 있을 정도로 발달하지 않았다는 것이다. 첫 번째 지적에 관한 반박으로는 올림픽대교가 독일의 다리와 다르게 폭이 넓고 사장 케이블이 1면으로 배치된다는 것을 들 수 있다. 두 번째 지적에 관해서 말하자면 먼저 2000년에 개통한 서해안 고속도로의 백미인 서해대교가 만들어지던 시기에 와서야 비로소 우리나라의 사장교 기술력이 급격히 향상되었음을 알아야 한다. 사실상 올림픽대교를 계획하던 1985년에 완전히 독창적인 사장교를 우리나라에서 만드는 것은 불가능했다는 것이다. 이에 프랑스 프레시넷Freyssinet과 기술제휴를 맺어 설계하게 되었다. 참고로 이 회사는 앞서 언급한 프리스트레스트 콘크리트의 정착 장치로 매우 유명한 회사이다.

이렇게 기대감을 모으며 시작된 올림픽대교는 슬프게도 올림픽이 끝나고 1년이 지난 1989년에야 공사 완료를 기념하는 개통식을 하게 되었다. 1985년 올림픽대교의 초기 설계에서는 풍납토성을 관통하는 것으로 계획되었으나 이 풍납토성이 백제의 한성이었을 가능성이 있었기 때문에 풍납토성을 우회하도록 올림픽대교의 방향을 변경한다. 그래서 지금도 올림픽대교를 건너서 송파 쪽으로 들어가면 직선이 아닌 왼쪽으로 크게 도는 대로를 만난다. 이렇게 늦어지며 1986년까지 설계는 계속 진행되었고 88 서울올림픽 이전에 준공하고자 했던 서울시에서는 마음이 급해져 사장교가

8-1. 올림픽대교 4개 주탑이 만나는 부분의 시공을 시작하는 주탑 상량식 현장

8-2. 올림픽대교와 유사하다는 의견이 제기된 독일 고속도로의 파일런 교량

8-3. 올림픽대교는 풍납토성을 우회하도록 설계를 변경해 공사가 진행되었다

아닌 부분부터 공사를 서둘러 시작했다.

　　사장교의 시공에는 논란이 많았다. 상판 밑에 임시 구조물을 가설해 공사하는 FSM^{Full Staging Method} 공법으로 올림픽 전 개통 일 자를 맞추자는 의견이 있었는데 고민이 많던 서울시에서도 솔깃한 의견이었다. 하지만 FSM 공법을 하면 안 된다는 전문가 의견이 있 었고 그 이유는 다음과 같았다. 사장교는 도로를 평평하게 유지하 기 위한 형상 관리가 중요한데 상판을 케이블에 매달고 있다가 임 시 구조물을 제거하면 추가 처짐이 얼마나 더 발생하는지 알 수 없 기에 형상 관리가 불가능하다는 것이고 한강에 홍수가 발생하면 임시 구조물들이 붕괴할 수 있다는 것이었다. 지금의 기술로도 사장교는 형상 관리를 위해 상판 밑에 임시 구조물을 가설하지 않는 이동식 작업대Form Traveller를 이용한다. 결국 서울시에서는 무리한 시공이라는 전문가들의 의견을 받아들이면서 올림픽대교는 88 서울올림픽이 끝나고 1년이 지나서야 개통됐다.

올림픽대교 주탑 꼭대기 위에 있는 조형물은 2001년 서울시에서 도시경관을 향상하기 위해 현상공모를 실시한 후 당선된 한국예술종합학교 윤동규 교수의 '영원한 불'이라는 작품이다. 이 작품은 88 서울올림픽을 기념하기 위해 올림픽 성화대의 거대한 불길을 형상화했고 높이 13m와 직경 8m로 스테인리스강과 알루미늄으로 제작되었다. 이 조형물을 올리기 위하여 치누크 헬기가 이용되었는데 바람이 심하게 불어 내려놓기가 쉽지 않았다. 조형물을 내려놓고 하강하던 헬기는 멈추지 못하고 로터가 조형물과 부딪치며 추락했다. 당시 휴가 중이었던 베테랑 조종사는 고난도 임무를 하기 위해 참가했으나 조종사, 부조종사, 기관사 모두 현장에서 순직했다. 당시 육군항공작전사령부 301대대는 무사고 부대였고 부대 내에 이들을 위한 추모비가 세워졌다.

8-4. 한국예술종합학교 윤동규 교수의 '영원한 불' 조형물

8-5. 주탑 위 조형물이 설치된 올림픽대교의 야경

올림픽대교를 볼 수 있는 광나루한강공원

올림픽대교의 모습을 감상하고자 8호선 암사역으로 향했다. 광나루한강공원으로 가기 전, 먹거리를 찾아 암사역 1번 출구로 나왔다. 바로 오른쪽 골목으로 들어서면 다양한 먹거리가 가득한 암사종합시장이 있다. 시장에서 간식을 구입한 후 길을 건너 버스를 탔다. 340번, 3318번, 3324번 버스 중 하나를 타면 된다. 버스를 타고 한 정거장만 가면 광나루한강공원으로 들어가는 즈믄길 나들목 가는 길이 나온다. 이 길목에는 자전거 용품을 위한 특색 있는 가게들이 많아 구경하는 재미가 있다. 광나루한강공원에 광나루 자전거공원이 있어서 그런지 이곳은 자전거 애호가들의 명소로, 많은 사람이 자전거를 타고 찾아온다.

광나루한강공원에는 드론 애호가들을 위한 특별한 공간이 마련되어 있기도 하다. 바로 한강드론공원이다. 이곳은 예약제로 운영되며, 홈페이지●를 통해 이용 시간을 확보할 수 있다. 오전 8시부터 오후 4시까지 개방되며, 1인당 최대 3시간 동안 드론 조종을 연습할 수 있다. 드론공원 인근에는 어린이들을 위한 놀이터와 암사생태공원이 조성되어 있어 가족 단위 방문객들이 산책하기 좋다. 올림픽대교를 보기 위해 하류 쪽으로 걸어가다 보면 천호대교

● 서울특별시 공공서비스예약 시스템(yeyak.seoul.go.kr)

8-6. 광나루한강공원 내에 위치한 한강드론공원

8-7. 광나루한강공원에서 바라본 올림픽대교의 전경

아래에 휴식을 취할 수 있는 공간이 나온다. 천호대교를 지나면 올림픽대교와 테크노마트를 한눈에 담을 수 있는 전망이 펼쳐진다. 참고로 강변역 테크노마트 9층 '하늘공원'에서는 올림픽대교를 더욱 가까이에서 감상할 수 있어, 한 번쯤 방문해 보는 것도 추천한다.

알고 보면 더 재미있는 사장교

현대 사장교의 기초를 확립하는 데에는 독일의 프란츠 디싱거Franz Dischinger가 핵심적인 역할을 했다. 그는 프리스트레스트 콘크리트 교량에서 착안해 강선의 긴장 메커니즘이 사장교의 케이블 시스템과 매우 유사하다는 점을 발견했다.

디싱거의 초기 설계는 당시 기술적으로 성숙한 현수교에 사장교의 경사 케이블을 결합하는 방식이었다. 그러나 이러한 혼합 설계는 교량 하중이 현수교의 수직 행어와 사장교의 경사 케이블 사이에서 어떻게 분배되는지 불분명하다는 한계가 있었고, 결국 실제 적용되지 못했다. 이러한 문제를 해결하기 위해 디싱거는 현수교 요소를 완전히 배제한 순수 사장교 디자인을 특허 출원하고자 했다. 하지만 1921년에 이미 프랑스 엔지니어가 유사한 개념의 사장교 특허를 보유하고 있어 특허 분쟁의 가능성이 제기되었다. 게다가 현수교 기술이 급속도로 발전하면서 디싱거의 사장교 설계는

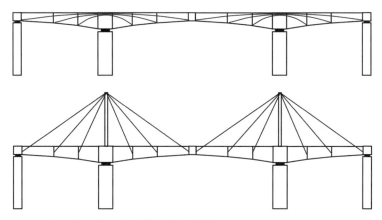

8-8. 프리스트레스트 콘크리트 교량과 사장교의 유사 구조

8-9. 세계 최초의 현대 사장교인 스웨덴의 스트림순드 다리

업계의 관심을 끌지 못했다.

그러나 독일의 엔지니어링 회사 데마그Demag는 디싱거의 사장교 설계가 지닌 잠재력을 알아보고 여러 프로젝트에 이를 제안했다. 비록 검증되지 않은 설계로 인해 여러 번의 실패를 겪었지만, 마침내 1956년 스웨덴 스트림순드Strömsund 다리 국제 공모전에서 사장교 설계가 채택되어 세계 최초의 현대 사장교가 건설되기에 이르렀다.

사장교는 주탑, 경사 케이블, 데크deck, 키세그먼트Key Joint를 주요 구성 요소로 한다. 사장교의 교각 사이 지지가 없는 순경간 길이는 트러스교, 아치교, 강플레이트거더교 등 일반적인 다리보다 길지만 현수교보다는 짧다. 현수교와 비해서 다양한 디자인적 변화가 가능한 사장교는 구성 요소의 디자인 변경을 통해 여러 형태로 구현할 수 있다. 이러한 디자인 다양성은 케이블 배열, 경간 수, 주탑 형태에 따라 결정되며, 각각의 형태는 서로 다른 기술적 특성을 가진다.

사장교의 케이블 배열은 모노형, 방사형, 팬형, 하프형으로 구분된다. 방사형은 이론적으로 가장 우수한 구조를 가진 배열로, 데크의 하중을 케이블에 효과적으로 분산시키고 주탑에 압축력만 전달되도록 모멘트를 최소화하는 장점이 있다. 그러나 실제 적용에서는 문제점이 있다. 케이블을 주탑에 고정하는 앵커리지는 무겁

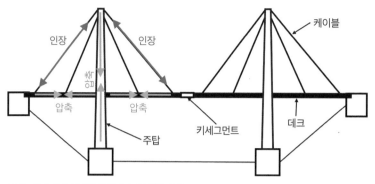

8-10. 사장교의 기본적 구성 요소 및 힘의 흐름

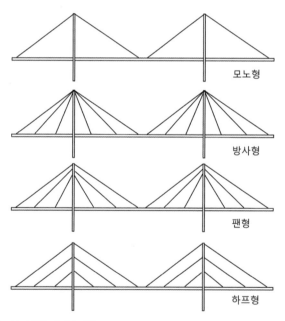

8-11. 사장교의 다양한 케이블 배열

고 복잡한 장치로, 모든 케이블이 주탑 상단의 같은 지점에 정착될 경우, 주탑 상단을 강화해야 하며, 이 부분에 미세 균열이 집중되어 내구성 문제가 발생할 수 있다.

이러한 문제를 해결하기 위한 가장 단순한 방법은 중간 케이블을 완전히 제거한 모노형이나, 케이블을 주탑에 분산 정착하는 하프형이다. 다만 이러한 변형은 다음의 단점을 수반한다. 모노형은 중간 케이블의 부재로 하중 배분이 어렵고, 하프형은 정착 지점이 주탑에 분산됨에 따라 발생하는 모멘트를 고려해야 하는 기술적 과제가 있다.

이러한 이유로 초기 사장교는 주로 팬형이 채택되었는데, 이는 케이블을 주탑 상부에 정착하되 충분한 간격을 두어 배치하는 방식이다. 이후 구조해석과 설계 기술이 발전하면서 하프형 배열의 기술적 문제가 해소되었고, 평행 배열로 인한 미적 장점을 가진 하프형 사장교도 건설되기 시작했다.

사장교의 주탑은 일반적으로 1개 또는 2개로 설계된다. 2개의 주탑으로 설계될 경우, 각각의 주탑이 시공되어 만나는 지점을 키세그먼트라고 한다. 키세그먼트가 설치되면 2개의 독립된 구조물이 하나로 통합되며, 이로 인해 사장교의 응력이 재분배되어 구조적 해석이 완전히 달라진다. 이러한 특성 때문에 키세그먼트 시공에는 높은 수준의 기술력이 요구된다. 올림픽대교는 주탑이 1개인 사장교로, 키세그먼트가 필요하지 않은 구조이다. 이는 초기 사장교 기술을 적용하기에 적합한 디자인이었다고 볼 수 있다. 반면 서해대교와 같은 일반적인 사장교는 2개의 주탑을 갖추고 있다.

사장교는 다중 경간 연속 구조로도 설계가 가능하지만, 이 경우 추가적인 기술적 문제가 발생한다. 중간에 위치한 주탑 구조는 양쪽이 키세그먼트로 연결되어 있어 구조적 변형이 커서 안정성에 취약한 특성을 보인다. 이러한 문제는 강성이 강화된 주탑 구조를 사용하거나, 추가 케이블을 설치해 불균형 힘을 양끝 주탑으로 전달하는 방식으로 해결할 수 있다.

사장교 주탑의 가장 기본적인 형태는 H자형이다. H자형 주탑은 그대로 사용되기도 하지만, 규모가 커지고 안정성 확보가 필요한 경우에는 주탑 상부에 추가 보를 설치하는 것이 일반적이다. 이러한 추가 보가 필요 없는 대안으로 A형 주탑이 있는데, 이는 주탑이 상단에서 서로 만나는 구조로 되어 있다. 그러나 A형 주탑은 두 기둥 사이의 간격이 하부로 갈수록 벌어져 넓은 기초 공사 면적이 필요하다는 단점이 있다. 이러한 단점을 보완한 것이 역Y형 주탑으로, 높은 주탑 설계가 가능하면서도 추가 보가 필요 없는 장점이 있다. 더 나아가 주탑 하부 구조의 면적을 최소화하기 위해 다이아몬드형 주탑이 채택되기도 한다.

다양한 사장교의 디자인적 변화 가운데서도 마지막으로 이야

8-12. 주탑을 강화해 안정성을 보완한 다경간 연속 사장교, 그리스의 리오-안타리오 다리

8-13. 추가 케이블을 설치해 안정성을 보완한 다경간 연속 사장교, 홍콩의 팅 카우 다리

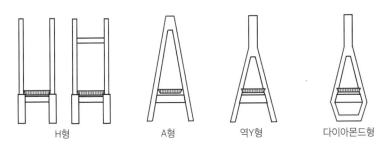

| H형 | A형 | 역Y형 | 다이아몬드형 |

8-14. 사장교의 다양한 주탑 형태

8-15. 산티아고 칼라트라바의 비대칭 아치교, 바크 데 로다 다리

8-16. 칼라트라바의 비대칭 사장교, 알라밀로 다리

기하고 싶은 다리는 스페인의 알라밀로 다리Alamillo Bridge이다. 올림 픽을 기념하기 위해 만들어진 올림픽대교와 마찬가지로 이 다리는 1992년 세비야Seville의 엑스포를 기념하여 만들어졌다. 가장 특이 한 점은 비대칭 주탑으로 주탑이 기울어져 있는 것이다. 이 다리를 설계한 사람은 스페인 출신 건축가이며 토목공학자인 산티아고 칼라트라바Santiago Calatrava이다. 그는 르 코르뷔지에Le Corbusier의 건축에 매료되어 건축가가 되었으며, 비대칭 구조 디자인에 빠져 있었다. 하지만 비대칭 구조 디자인을 토목공학의 구조공학자들에게 얘기 하면 모두 회의적 의견을 제시했기 때문에, 그는 토목공학 학위도 취득하여 건축적 디자인과 구조공학의 이해를 모두 섭렵한 건축가 이자 토목공학자가 되었다.

그의 초기 작품인 바르셀로나에 위치한 바크 데 로다 다리Bac de Roda Bridge는 2개의 아치교로 이루어져 있고 각각의 아치는 비대 칭으로 만들어졌다. 특히 칼라트라바가 명성을 얻게 된 작품은 앞 에서 소개한 비대칭 사장교로 만들어진 알라밀로 다리이다. 이 다 리의 구조를 보면 일반적으로 주탑 양쪽에 케이블이 정착된 것과 는 다르게 한쪽에만 케이블이 장착되어 있으며 케이블에서 전달된 힘은 기울어진 주탑의 중력에 의한 하중으로 저항하고 있다. 칼라 트라바는 중력 개념에 매료되어 있었으며, "힘과 질량의 적절한 조 합을 통해 감정을 창조할 수 있다"라고 생각했다. 그의 이야기를 듣고 알라밀로 다리를 보면 케이블에서 전달되는 힘과 주탑의 질량이 만드는 비대칭은 보는 이로 하여금 알 수 없는 감정을 만들어 낸다.

사장교와 현수교, 어떻게 다를까

케이블을 이용해 만드는 다리는 사장교 외에도 한 가지가 더 있다. 바로 현수교이다. 사장교와 현수교는 케이블을 사용하고 있어 멀리서 보면 비슷해 보이지만, 가까이에서 보면 전혀 다른 특징들을 가지고 있다. 사장교는 마치 거대한 거인이 팔을 쭉 뻗어 다리를 붙잡고 있는 것 같다. 하늘로 우뚝 솟은 탑을 주탑이라고 하는데 주탑에서 비스듬히 뻗은 케이블들이 마치 거인의 팔처럼 다리 상판을 꽉 잡고 있다. 이 케이블들의 배열이 흥미로운데 화려한 부채를 펼친 구조, 하프의 현처럼 배열된 구조가 있다. 이러한 다양한 케이블 배열이 사장교 특유의 매력을 만든다.

현수교의 특징을 살펴보면 마치 거대한 해먹 같은데 2개의 큰 탑 사이에 굵은 케이블이 포물선을 그리며 늘어져 있고, 그 케이블에서 수직으로 내려온 가는 케이블들이 다리 상판을 매달고 있다. 이러한 구조 덕분에 현수교는 사장교보다 더 긴 장경간 교량을 만들 수 있다. 그래서 세계에서 금문교나 아카시 해협 대교와 같이 길이가 길기로 유명한 다리들은 대부분 이 현수교 방식으로 만들어져 있다.

8-17. 국내 대표적 사장교인 서해고속도로의 서해대교

8-18. 국내 대표적 현수교인 부산의 광안대교. 좌측에 있는 정착부 앵커리지가 눈에 띈다

서로 다른 두 가지 방식의 다리가 어떻게 하중을 견디는지 살펴보자. 먼저 사장교는 상판 위에 가해지는 하중이 비스듬한 케이블을 타고 곧장 주탑으로 전달된다. 만약 우리가 무거운 무엇인가를 들고 팔을 벌리고 서 있다면 그 무게가 곧바로 어깨로 전해지는 것과 똑같은 원리이다. 한편 현수교는 조금 다른 방식으로 하중을 견딘다. 말하자면 밧줄 양 끝을 잡고 팽팽하게 당긴 상태에서 누군가가 밧줄 중간을 잡아당기는 것과 비슷하다. 상판 위의 하중은 먼저 수직 케이블을 통해 굵은 주 케이블로 전달되고, 이 주 케이블이 포물선 모양으로 휘어지면서 무게를 분산시키시고 이 힘은 결국 양쪽 끝의 정착부인 앵커리지Anchorage라고 불리는 거대한 콘크리트 덩어리에 고정된다.

이 두 다리는 각각의 장단점을 가지고 있다. 사장교는 현수교보다 짧은 거리에 유리하며 현수교보다 건설과 유지관리에 드는 비용이 낮다. 오해하지 말아야 할 점은 현수교에 비해 건설 비용이 낮다는 것 뿐이지, 다른 교량들에 비하면 사장교는 여전히 높은 건설 비용과 유지관리 비용을 요구한다는 점이다. 사장교는 모양을 다양하게 만들 수 있어서 지역의 이미지를 대표하는 교량으로 선택되곤 한다. 서울의 올림픽대교와 서해고속도로의 서해대교가 바로 이 사장교이다. 반면 현수교는 사장교에 비해 더 긴 경간을 만들 수 있다. 하지만 그만큼 건설 비용이 많이 들고, 바람에 약하다는 것이 단점이다. 서울 근교에서 찾아볼 수 있는 현수교로는 인천 국제공항을 가기 위해 건너는 영종대교가 있다.

사장교와 현수교를 만드는 방법도 조금씩 다른데, 사장교는 마치 거미가 거미줄을 치는 것처럼 만들어진다. 먼저 주탑을 세운 다음 상판을 조금씩 전진해 가며 만들면서 동시에 케이블을 설치한다. 이는 마치 공중에서 다리가 자라나는 것같이 보이기도 한다. 반면 현수교는 마치 옷걸이에 옷을 거는 것처럼 만들어진다. 먼저 주 케이블을 설치한 다음, 그 밑 수직 케이블에 하나씩 상판을 매달아 연결하는 과정으로 만들어진다.

대한민국의 교량 건설 기술은 지난 수십 년간 비약적인 발전

8-19. 인천국제공항을 연결하는 현수교인 영종대교

8-20. 국내 케이블 교량 기술의 발전을 보여주는 터키 보스포러스 제3대교

8-21. 세계 최장 현수교 차나칼레대교

　　　한강 다리, 서울을 잇다

을 이루어 왔다. 초기 외국 기술에 의존하던 시기를 지나, 이제는 사장교와 현수교를 자유자재로 설계하고 시공할 수 있는 수준에 이르렀다. 국내 기술진들은 복잡한 구조해석, 첨단 재료 개발, 혁신적인 시공 방법 등을 통해 세계적 수준의 기술력을 확보했다. 이는 울산대교, 인천대교와 같은 대형 교량 프로젝트를 성공적으로 완수함으로써 입증되었다. 더불어 국내 기업들은 이러한 기술력을 바탕으로 터키의 보스포러스 제3대교와 세계 최장 현수교 차나칼레대교와 같이 해외 교량 시장에서도 큰 성과를 거두고 있으니 앞으로 우리나라의 교량 기술이 더욱 발전해, 환경친화적이고 스마트한 미래 교량의 모델을 제시할 것으로 기대한다.

한강의 다리들을 따라 서울의 역사와 발전을 되짚어 보는 이 여정이 이제 마무리되었다. 책을 쓰는 과정은 내게 있어서도 단순히 알고 있던 지식을 정리하는 게 그치는 게 아니라, 깊은 성찰을 할 수 있는 시간이 되었다.

처음 이 책을 구상했을 때는 단순히 한강의 다리들에 대한 기술적·역사적 정보를 전달하고자 했다. 그러나 글을 써 내려가면서, 이 다리들이 단순한 구조물이 아님을 깨달았다. 각 다리는 그 시대의 기술력, 사회적 요구, 그리고 무엇보다 그 뒤에 숨겨진 수많은 인간의 이야기를 담고 있었다. 특히 성수대교의 붕괴 사건은 내게 깊은 울림을 주었다. 한 학생의 희생과 그의 아버지의 비극적인 선택은 우리 사회에 안전의 중요성을 일깨워 주었다. 이를 계기로 제정된 '시설물 안전관리에 관한 특별법'은 우리가 당연하게 여기는 안전한 통행 뒤에 얼마나 많은 노력과 희생이 있었는지를 보여준다.

책을 쓰면서 종종 의문이 들었다. 교량 실무 전문가가 아닌 내가 이런 책을 써도 되는 걸까? 그러나 이내 깨달았다. 이 이야기는 누군가가 해야 할 이야기였고, 그래도 토목공학을 전공한 내가 그 역할을 맡아야 한다고 느꼈다. 한강의 다리들은 서울의 과거와 현재를 잇고, 미래를 향한 우리의 꿈을 실어 나르고 있다. 이 책이 단순히 다리에 대한 정보를 전달하는 데 그치지 않고, 우리 사회의 발전과 안전, 그리고 미래에 대해 생각해 볼 수 있는 기회가 되기를 바란다.

마지막으로 이 책의 완성을 위해 도움을 주신 모든 분들께 감사드린다. 특히 한강 답사를 함께해 준 가족과, 전공 내용의 오류 검토를 해주신 충남대학교 김우석 교수님, 경기대학교 조재병 명예교수님께 감사를 드린다. 안전한 한강을 위해 희생되신 모든 분들과 지금도 안전을 위해 애쓰시는 모든 분들께 이 책을 바친다.

· 김정빈 등, 『반포본동: 남서울에서 구반포로』, 서울역사박물관, 2019
· 서울특별시, 『서울의 다리』, 1988
· 시오이 유키타케, 김정환 역, 문지영 감수, 『다리 구조 교과서』, 보누스, 2017
· 김명수, 「동북아시아의 세력균형과 군사력 수준 변화 연구: 세력균형이론에 기초한 2030년경의 동북아시아 안보환경 전망」, 《해양안보》 3(1), pp. 73-114, 2021
· 전봉희·김하나, 「해방 이후 서울 주택 변천의 시기 구분과 특성: 전형의 형성과 와해를 중심으로」, 《서울학연구》 no.95, pp. 121-162, 2024
· 최정훈, 「1880년대 후반 메이지 일본의 전쟁 담론 공간: 야마모토 주스케의 일본군비론을 중심으로」, 《일본비평》 Vol.13, pp. 200-240, 2015
· 황상일, 「불국사 지역의 지형특성과 불국사의 내진 구조」, 《대한지리학회지》 42(3), pp. 315-331, 2007
· Munderloh, Moritz, The Imperial Japanese Army as a Factor in Spreading Militarism and Fascism in Prewar Japan (2012), Master of Arts
· R. Walther, Cable stayed bridges (1999), Thomas Telford
· R. May, Origins of the modern cable-stayed bridge: The Dischinger story, Building Knowledge (2018), Constructing Histories, 2 913-920
· T. Y. Lin and Ned H. Burns, Design of Prestressed Concrete Structures, John Wiley & Sons
· W.K. Liu, S. Li, H. S. Park, Eighty Years of the Finite Element

Method: Birth, Evolution, and Future (2022), Archives of
Computational Methods in Engineering, 29 4431-4453

· '우리가 살아남은 이유: 1984 서울 대홍수', 〈꼬리에 꼬리를 무는 그날
이야기〉, SBS 교양국
· 〈여행스케치〉, 《충북저널967》, BBS청주불교방송
· 《대한경제》의 한강 다리 관련 기사 내용을 참고
· 《조선일보》의 조선뉴스라이브러리(newslibrary.chosun.com)
· 〈위키백과〉(wikipedia.org)
· Youtube 채널 〈김선생의 서울 이야기〉(youtube.com/@김효)

* 하기에 기재되지 않은 자료는 저자가 1차 생산 내지는 2차 수정 작성한 자료 또는 자유롭게 사용할 수 있는 크리에이티브 커먼즈 자료입니다.

〈1-2〉
'절두산 순교성지'에서 소장한 탁희성 화백의 〈절두산 순교성지도〉를 제공받아 이용하였으며, 소장 기관의 허가 절차를 거쳤습니다.

〈1-3〉
'서울역사박물관'에서 작성하여 공공누리 제1유형으로 개방한 '부정식품 소각'을 이용하였으며, 해당 저작물은 '서울역사아카이브(museum.seoul.go.kr)'에서 무료로 내려받을 수 있습니다.

〈1-7〉
'경주문화관광'에서 작성하여 공공누리 제1유형으로 개방한 '국립경주박물관 전경'을 이용하였으며, 해당 저작물은 '경주문화관광(gyeongju.go.kr)'에서 무료로 내려받을 수 있습니다.

〈1-14〉
'한국정책방송원'에서 작성하여 공공누리 공공저작물 자유이용허락 출처표시 조건에 따라 개방한 '하늘에서 본 제2한강교(양화대교)'를 이용하였으며, 해당 저작물은 '공유마당(gongu.copyright.or.kr)'에서 무료로 내려받을 수 있습니다.

〈1-15〉
서울 2010 도시형태와 경관, 서울특별시

〈1-18〉
'서울역사박물관'에서 작성하여 공공누리 제1유형으로 개방한 '잠실대교 건설현장'을 이용하였으며, 해당 저작물은 '서울역사아카이브(museum. seoul.go.kr)'에서 무료로 내려받을 수 있습니다.

〈2-2〉
'국립춘천박물관'에서 작성하여 공공누리 제1유형으로 개방한 '조선명 소-독립문 사진엽서'를 이용하였으며, 해당 저작물은 'e뮤지엄(emuseum. go.kr)'에서 무료로 내려받을 수 있습니다.

〈2-3〉
'서울역사박물관'에서 작성하여 공공누리 제1유형으로 개방한 '복개 직 후 영천시장(1970)'을 이용하였으며, 해당 저작물은 '서울역사아카이브 (museum.seoul.go.kr)'에서 무료로 내려받을 수 있습니다.

〈2-4〉
'서울역사박물관'에서 작성하여 공공누리 제1유형으로 개방한 '만초 천 복개공사(1966)'를 이용하였으며, 해당 저작물은 '서울역사아카이브 (museum.seoul.go.kr)'에서 무료로 내려받을 수 있습니다.

〈2-8〉

'대한민국역사박물관'에서 작성하여 공공누리 제1유형으로 개방한 '효창공
원 원효대사 동상'을 이용하였으며, 해당 저작물은 '대한민국역사박물관 근
현대사 아카이브(archive.much.go.kr)'에서 무료로 내려받을 수 있습니다.

〈2-9〉

'서울역사박물관'에서 작성하여 공공누리 제1유형으로 개방한 '조선신
궁 전경(항공사진)'을 이용하였으며, 해당 저작물은 '서울역사아카이브
(museum.seoul.go.kr)'에서 무료로 내려받을 수 있습니다.

〈2-17〉

'서울연구원'에서 작성하여 공공누리 제1유형으로 개방한 '원효대교'를 이
용하였으며, 해당 저작물은 '서울연구데이터서비스(data.si.re.kr)'에서 무료
로 내려받을 수 있습니다.

〈2-18〉

'서울역사박물관'에서 작성하여 공공누리 제1유형으로 개방한 '개통된 원
효대교'을 이용하였으며, 해당 저작물은 '서울역사아카이브(museum.seoul.
go.kr)'에서 무료로 내려받을 수 있습니다.

〈3-1〉

'서울역사박물관'에서 작성하여 공공누리 제1유형으로 개방한 '경성부관
내도'를 이용하였으며, 해당 저작물은 '서울역사아카이브(museum.seoul.
go.kr)'에서 무료로 내려받을 수 있습니다.

〈3-2〉

임인식 작가가 작성하여 청암사진연구소에서 보관 중인 '한강의 추억'을 사
용승인을 받아 이용하였으며, 해당 저작물은 '청암아카이브(foto.kr)'에서
찾아볼 수 있습니다.

〈3-3〉
'서울역사박물관'에서 작성하여 공공누리 제1유형으로 개방한 '한강 철교 공사'를 이용하였으며, 해당 저작물은 서울역사아카이브(museum.seoul.go.kr)에서 무료로 내려받을 수 있습니다.

〈3-4〉
국립중앙박물관에서 작성하여 공공누리 제1유형으로 개방한 '한강 철교'를 이용하였으며, 해당 저작물은 e뮤지엄(emuseum.go.kr)에서 무료로 내려받을 수 있습니다.

〈3-5〉
'한국학중앙연구원'에서 작성하여 공공누리 제1유형으로 개방한 '을축년 대홍수(1925년)'를 이용하였으며, 해당 저작물은 '공공누리(kogl.or.kr)'에서 무료로 내려받을 수 있습니다.

〈3-6〉
'서울역사박물관'에서 작성하여 공공누리 제1유형으로 개방한 '한강철교 전경'을 이용하였으며, 해당 저작물은 '서울역사아카이브(museum.seoul.go.kr)'에서 무료로 내려받을 수 있습니다.

〈3-9〉
서울 2005 도시형태와 경관, 서울특별시

〈4-1〉
'국립민속박물관'에서 작성하여 공공누리 제1유형으로 개방한 '엽서(한강 채빙)'를 이용하였으며, 해당 저작물은 e뮤지엄(emuseum.go.kr)에서 무료로 내려받을수 있습니다.

〈4-2〉
'국립중앙박물관'에서 작성하여 공공누리 공공저작물 자유이용허락 출처표
시 조건에 따라 '정조의 현륭원 행차'를 이용하였으며, 해당 저작물은 '국립
중앙박물관(museum.go.kr)'에서 무료로 내려받을 수 있습니다.

〈4-3〉
'국립민속박물관'에서 작성하여 공공누리 제1유형으로 개방한 '경성 용산
한강인도교'를 이용하였으며, 해당 저작물은 e뮤지엄(emuseum.go.kr)에서
무료로 내려받을 수 있습니다.

〈4-4〉
'국립민속박물관'에서 작성하여 공공누리 제1유형으로 개방한 '경성 한강
인도교'를 이용하였으며, 해당 저작물은 e뮤지엄(emuseum.go.kr)에서 무료
로 내려받을 수 있습니다.

〈4-5〉
'국가기록원'에서 작성하여 출판 이용으로 허락받은 '항공촬영22(한강대
교)'를 이용하였으며, 해당 저작물은 '국가기록원(archives.go.kr)'에서 무료
로 내려받을 수 있습니다.

〈4-9〉
임인식 작가가 작성하여 청암사진연구소에서 보관 중인 '한강인도교'를 사
용승인을 받아 이용하였으며, 해당 저작물은 '청암아카이브(foto.kr)'에서
찾아볼 수 있습니다.

〈4-13〉, 〈4-18〉
'서울기록원'에서 작성하여 이용 조건에 제한이 없는 '제1한강교 확장 공
사, 1980-00-00'을 이용하였으며, 해당 저작물은 '서울사진아카이브
(archives.seoul.go.kr)'에서 무료로 내려받을 수 있습니다.

〈5-1〉

'서울역사박물관'에서 작성하여 공공누리 제1유형으로 개방한 '잠수교 준공'을 이용하였으며, 해당 저작물은 '서울역사아카이브(museum.seoul.go.kr)'에서 무료로 내려받을 수 있습니다.

〈5-2〉

'서울역사박물관'에서 작성하여 공공누리 제1유형으로 개방한 '개량이 완료된 잠수교'를 이용하였으며, 해당 저작물은 '서울역사아카이브(museum.seoul.go.kr)'에서 무료로 내려받을 수 있습니다.

〈5-7〉

'서울역사박물관'에서 작성하여 공공누리 제1유형으로 개방한 '관리사무소 위치에 솟아 있는 굴뚝의 모습'을 이용하였으며, 해당 저작물은 '서울역사아카이브(museum.seoul.go.kr)'에서 무료로 내려받을 수 있습니다.

〈5-8〉

'서울역사박물관'에서 작성하여 공공누리 제1유형으로 개방한 '남서울아파트의 전경'을 이용하였으며, 해당 저작물은 '서울역사아카이브(museum.seoul.go.kr)'에서 무료로 내려받을 수 있습니다.

〈5-9〉

'서울역사박물관'에서 작성하여 공공누리 제1유형으로 개방한 '신반포(아크로리버파크)에서 바라본 한강과 반포본동'을 이용하였으며, 해당 저작물은 '서울역사아카이브(museum.seoul.go.kr)'에서 무료로 내려받을 수 있습니다.

〈5-10〉

'서울역사박물관'에서 작성하여 공공누리 제2유형으로 개방하여 별도의 사용승인을 받은 '반포 AID아파트 추첨'을 이용하였으며, 해당 저작물은 '서울역사아카이브(museum.seoul.go.kr)'에서 무료로 내려받을 수 있습니다.

⟨5-11⟩
'서울역사박물관'에서 작성하여 공공누리 제1유형으로 개방한 '반포대교 건설 공사'를 이용하였으며, 해당 저작물은 '서울역사아카이브(museum.seoul.go.kr)'에서 무료로 내려받을 수 있습니다.

⟨5-14⟩
'서울역사박물관'에서 작성하여 공공누리 제1유형으로 개방한 '성산대로 독립문고가차도'를 이용하였으며, 해당 저작물은 '서울역사아카이브(museum.seoul.go.kr)'에서 무료로 내려받을 수 있습니다.

⟨5-15⟩
'서울역사박물관'에서 작성하여 공공누리 제1유형으로 개방한 '독립문 고가도고 공사'를 이용하였으며, 해당 저작물은 '서울역사아카이브(museum.seoul.go.kr)'에서 무료로 내려받을 수 있습니다.

⟨6-1⟩
'국가기록원'에서 작성하여 출판 이용으로 허락받은 '남산외인아파트및제3한강교전경'을 이용하였으며, 해당 저작물은 '국가기록원(archives.go.kr)'에서 무료로 내려받을 수 있습니다.

⟨6-2⟩
'서울역사박물관'에서 작성하여 공공누리 제1유형으로 개방한 '제3한강교(현 한남대교) 공사현장'을 이용하였으며, 해당 저작물은 '서울역사아카이브(museum.seoul.go.kr)'에서 무료로 내려받을 수 있습니다.

⟨6-4⟩
'한국학중앙연구원'에서 작성하여 공공누리 공공저작물 자유이용허락 출처

표시 조건에 따라 '한남대교, 미디어 ID: 3cd93798'을 이용하였으며, 해당 저작물은 '한국민족문화대백과사전(encykorea.aks.ac.kr)'에서 무료로 내려받을 수 있습니다.

〈6-5〉
'서울연구원'에서 작성하여 공공누리 제1유형으로 개방한 '한남대교'를 이용하였으며, 해당 저작물은 '서울연구데이터서비스(data.si.re.kr)'에서 무료로 내려받을 수 있습니다.

〈6-7〉, 〈6-16(우)〉
'국가기록원'에서 작성하여 출판 이용으로 허락받은 '소양강댐전경'을 이용하였으며, 해당 저작물은 '국가기록원(archives.go.kr)'에서 무료로 내려받을 수 있습니다.

〈7-1〉
문화체육관광부에서 작성하여 출판 사용으로 허가받아 이용하였으며, 해당 저작물은 국가기록원(archives.go.kr)에서 찾아볼 수 있습니다.(단, 본 서적 외 추가 사용은 허가되지 않았습니다.)

〈7-2〉
서울 1995 도시형태와 경관, 서울특별시

〈7-3〉
서울 1999 도시형태와 경관, 서울특별시

〈7-11〉
'서울특별시'에서 작성하여 이용 조건에 제한이 없는 '성수대교 전경, 1979-10-11'을 이용하였으며, 해당 저작물은 '서울기록원(archives.seoul.go.kr)'에서 무료로 내려받을 수 있습니다.

〈7-14〉
서울 2005 도시형태와 경관, 서울특별시

〈8-1〉
'서울역사박물관'에서 작성하여 공공누리 제1유형으로 개방한 '올림픽대교 주탑 상량식'을 이용하였으며, 해당 저작물은 '서울역사아카이브(museum. seoul.go.kr)'에서 무료로 내려받을 수 있습니다.

〈8-3〉
서울 2005 도시형태와 경관, 서울특별시

〈8-5〉
서울 2015 도시형태와 경관, 서울특별시

한강 다리, 서울을 잇다

©윤세윤, 2025, Printed in Seoul, Korea

초판 1쇄 찍은날   2025년 2월 10일
초판 1쇄 펴낸날   2025년 2월 14일

지은이   윤세윤
펴낸이   한성봉
편집   최창문 · 이종석 · 오시경 · 이동현 · 김선형
콘텐츠제작   안상준
디자인   최세정
마케팅   박신용 · 오주형 · 박민지 · 이예지
경영지원   국지연 · 송인경
펴낸곳   도서출판 동아시아
등록   1998년 3월 5일 제1998–000243호
주소   서울시 중구 필동로8길 73 [예장동 1–42] 동아시아빌딩
페이스북   www.facebook.com/dongasiabooks
전자우편   dongasiabook@naver.com
블로그   blog.naver.com/dongasiabook
인스타그램   www.instagram.com/dongasiabook
전화   02) 757–9724, 5
팩스   02) 757–9726
ISBN   978–89–6262–645–2   03530

만든 사람들

편집   최창문
표지디자인   양은정
본문디자인   김경주
크로스교열   안상준